170种超人气蛋糕轻松做

烘焙新手 一学就会

陈志田◎主编

四川美術出版社

图书在版编目 (CIP) 数据

170种超人气蛋糕轻松做 / 陈志田主编. -- 成都：四川美术出版社，2023.12

ISBN 978-7-5740-0872-4

I. ① 1… II. ①陈… III. ①蛋糕－糕点加工 IV. ① TS213.23

中国国家版本馆 CIP 数据核字（2023）第 234847 号

170 种超人气蛋糕轻松做

170 ZHONG CHAO RENQI DANGAO QINGSONG ZUO

陈志田 主编

企业官方微店　企业官方微信公众号

责任编辑：汪青青
责任校对：田倩宇
排版设计：康 楠

出版发行：四川美术出版社有限公司
地 址：成都市锦江区工业园区三色路 238 号
邮政编码：610023
印 刷：唐山玺鸣印务有限公司
成品尺寸：170mm × 240mm 1/16
印 张：12
字 数：220 千字
图 幅 数：607 幅
版 次：2024 年 3 月第 1 版
印 次：2024 年 3 月第 1 次印刷
书 号：ISBN 978-7-5740-0872-4
定 价：49.80 元

目录 CONTENTS

Part 1 会用工具认得材料

做蛋糕常用的工具

做蛋糕常用的材料

Part 2

感受蛋糕的幸福滋味

海绵蛋糕

慕斯蛋糕

戚风蛋糕

芝士蛋糕

蛋糕卷

其他蛋糕

Part 3 超人气香浓面包

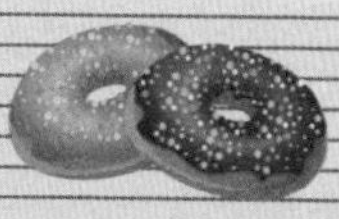

软式面包

硬式面包

Part 1
会用工具认得材料

制作蛋糕时，一定要先了解清楚工具和材料的功能和特性，这样才可以做出外形美观、味道出众的蛋糕。选购时，可先选择基本的工具和材料，做一些简单的蛋糕，待技术成熟后，再添置其他的，这样更能让你的蛋糕体现出各种不同的风味。

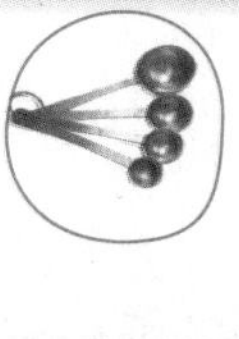

做蛋糕常用的工具

俗话说："工欲善其事，必先利其器。"如果想要制作出美味可口的蛋糕，就要提前准备好工具。现在为大家简单介绍一下做蛋糕时经常用到的几种工具，以及它们各有什么作用。

家用烤箱

家用烤箱分为台式小烤箱和嵌入式烤箱两种，可以用其来制作面包，也可以做蛋糕、蛋挞、小饼干之类的点心。

特氟龙烤盘

特氟龙烤盘具有良好的不粘性能，所烤的食品着色快，并能在一定程度上缩短烘焙时间，常用于制作面包、蛋糕等。

手动搅拌器

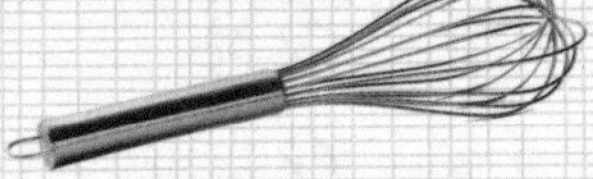

常见的为不锈钢材质，是制作蛋糕时必不可少的工具，常用于将鸡蛋搅拌成蛋液，以及将其他材料混合搅拌均匀。

电动搅拌器

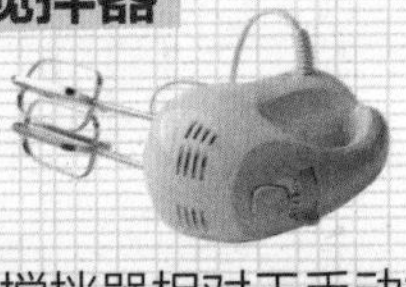

电动搅拌器相对于手动搅拌器来说，打发速度快，比较省力，使用起来十分方便，在蛋糕制作过程中常用来打发奶油、黄油或搅拌面糊等。

擀面杖

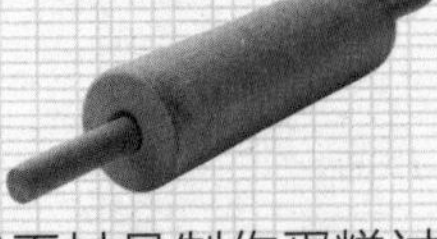

擀面杖是制作蛋糕过程中擀压面团的好帮手，多为木头材质，两端有把手，在擀面团或抻开面团时使用。

开酥擀棍

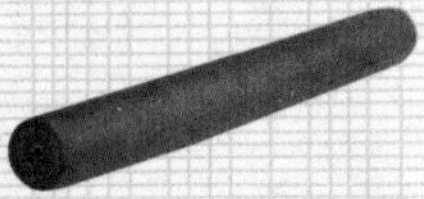

也叫小酥棍，是擀面团、面皮必备工具，圆柱形，表面光滑，多用于制作饼干、面包等。

木棍

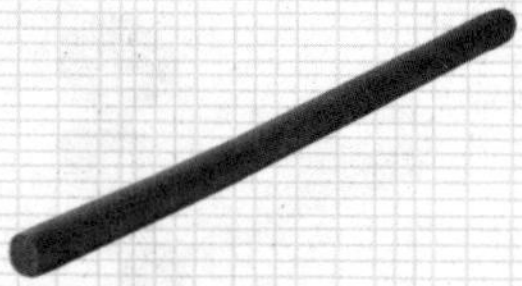

●● 木棍比开酥擀棍长一点，木制，圆柱形，在制作蛋糕时，一般用在蛋糕生坯烘焙好之后，将其卷成卷，并定形，制成蛋糕卷。

刮板

●● 刮板有塑料和金属等材质，在制作蛋糕时，可以用来分割面团或搅拌面团，也可以刮除附着在操作台上干掉的面粉或面皮。

长柄刮板

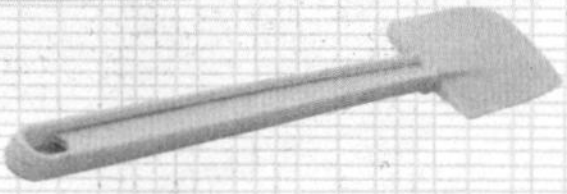

●● 长柄刮板质地柔软，可耐250℃的高温，多用于混合材料、和面，还能把搅拌好的面团转移到其他容器中，避免浪费用料。

刷子

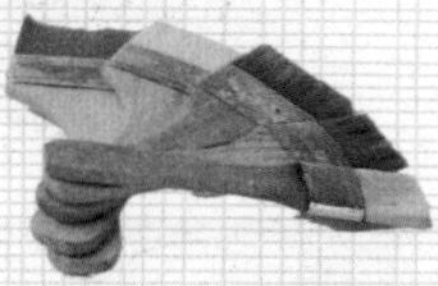

●● 在制作蛋糕时，常用刷子将蛋液、黄油或奶油等涂抹在面团上。

筛网

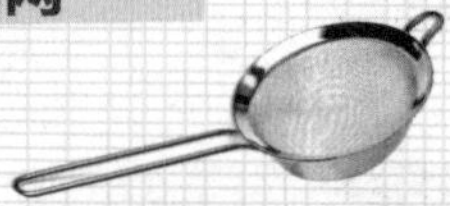

●● 在烘焙过程中，筛网起到很大的辅助作用，用其来筛面粉，可以使面粉变得蓬松，也可将糖粉、可可粉过筛至糕点上等。

裱花袋

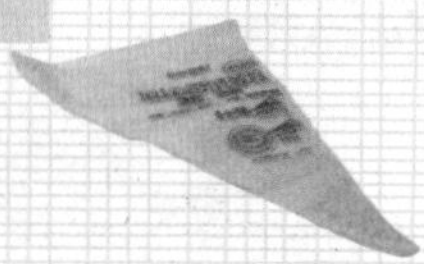

●● 裱花袋是制作西式饼干或蛋糕的过程中挤入奶油作装饰时所用到的一种袋子，也可用其在面团表面挤上酱料，多数以塑料为材质。

花嘴

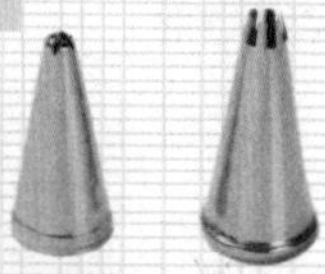

●● 花嘴有圆形的，也有星形的，通常与裱花袋一起使用，多用于裱花，可描绘出简单的线条和各种形状的图案。

剪刀

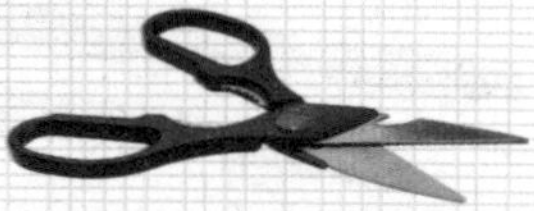

●● 剪刀以不锈钢材质为主，是制作蛋糕时经常用到的工具之一，常用来剪开裱花袋，以便装饰蛋糕。

量杯

●● 在制作蛋糕时，量杯常用来量水、牛奶等液体的体积，通常以毫升为单位，以200～500毫升大小的量杯为宜。

量勺

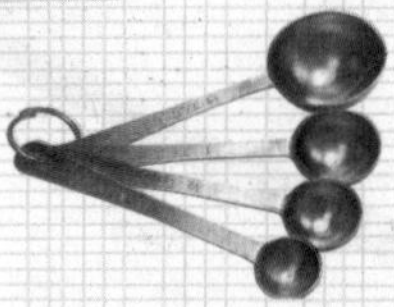

●● 量勺是一种圆形的带柄小浅勺，通常以4种规格为一组，在蛋糕制作过程中，常用来称量小剂量的液体或细碎食材，如橄榄油、柠檬汁等。

电子秤

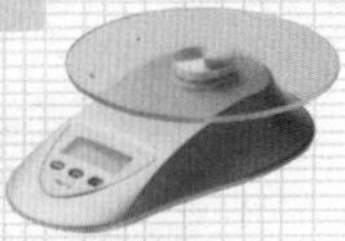

●● 电子秤适合在制作蛋糕的过程中用来称量各式各样的粉类（如面粉、抹茶粉等）、细砂糖、色拉油、鸡蛋及作为辅料使用的坚果类。

高温手套

●● 高温手套是隔热防护的专用手套，在制作蛋糕时，由于烤箱里面的温度很高，要拿出烤盘，就要用到高温手套，避免烫伤手。

高温布

●● 高温布是一种高性能、多用途的复合材料新产品，在烘烤蛋糕时，用来垫面包、饼干、泡芙等点心，起防粘作用。

蛋糕刀

●● 刀身窄而长，刃口呈锯齿状，常用于切面包和慕斯蛋糕，此外还可以用于取果肉。

抹刀

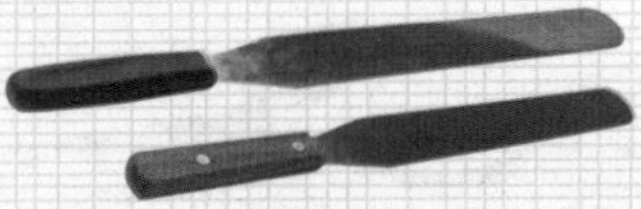

●● 抹刀也称抹馅刀，在制作蛋糕时，常用于往蛋糕的表面涂抹黄油或奶油，以及将糕点翻面，刀刃越薄越好。

蛋糕纸杯

●● 蛋糕纸杯品种繁多，在制作蛋糕时，可不用涂抹黄油而直接把面糊倒进去进行烘焙。

吐司模

●● 吐司模为长方体形状，分为加盖和不加盖两种，可用于制作西式点心中各种造型的吐司、面包等，也可作为长蛋糕模。

蛋挞模

●● 蛋挞模有圆形，也有菊花形，多是以铝合金为材质，坚固耐用，传热效率高，多用于制作葡挞、蛋挞、布丁等。

蛋糕模

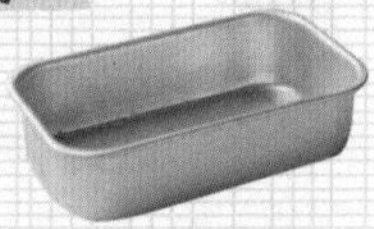

●● 蛋糕模是制作蛋糕的常用模具，有圆形、方形和三角形等形状，种类繁多，一般用于制作重油蛋糕、戚风蛋糕等。

布丁模

●● 布丁模是制作布丁或巧克力的常用模具，一般以塑料或食品级硅胶为材质，花样多变，可使布丁和巧克力的外形更加美观。

椭圆圈模

●● 椭圆圈模是制作杏仁蛋糕或一些小型蛋糕的专用工具，一般选用铝合金材质，其受热均匀，可以快速地将热量传递到面团，缩短烘焙时间。

压模

●● 压模的造型有很多，有圆形、星形、动物形、花形等，常用于制作造型饼干，也可在面皮上按压成形。

平底锅

●● 平底锅是在烘焙过程中经常用到的工具之一，以铝合金为材质，使用时食物不粘锅底，常用于制作薄饼、三明治、蛋卷等。

蛋糕转台

●● 蛋糕转台又叫裱花台，有金属、塑料、玻璃等材质，使用蛋糕转台可以让裱花更加容易。

做蛋糕常用的材料

材料的好坏直接影响着你制作出来的蛋糕是否好吃，所以在选材方面一定要慎重。现为大家简单介绍下做蛋糕时经常用到的几种材料以及它们分别的用途。

高筋面粉

●● 高筋面粉又称强筋面粉，常用于制作面包，使其更具弹性与嚼劲，还可用于制作起酥类点心、泡芙等。

低筋面粉

●● 低筋面粉简称低粉，又叫蛋糕粉，由于筋度弱，因此常用来制作蛋糕、饼干、小西饼点心、酥皮类点心等。

糖粉

●● 糖粉一般为洁白的粉末状，通常以网筛过滤直接筛在蛋糕成品上，作表面装饰，也可用来制作饼干等。

泡打粉

●● 泡打粉是一种复合膨松剂，又称为发酵粉，是制作糕点的基本材料，用于制作蛋糕、酥饼等，可使面团迅速膨胀。

酵母

●● 酵母即酵母菌，是一种单细胞的微生物，常用于制作糕点，不仅能增加糕点的营养价值，还能使面包松软可口。

塔塔粉

●● 塔塔粉是一种酸性的白色粉末，属于食品添加剂类，在制作西式糕点时，可以帮助蛋白起发，使泡沫稳定、持久。

玉米淀粉

●● 玉米淀粉简称玉米粉，可用它代替部分面粉，使制成的蛋糕更细腻柔软，还可用它制作派馅、布丁馅等。

杂粮粉

●● 杂粮粉是由各种杂粮原材料低温烘焙熟后磨成的粉，在制作蛋糕面团时，掺入高筋面粉中，能完整保留原料的营养成分。

奶粉

●● 奶粉含有丰富的蛋白质和人体所需的氨基酸，在制作蛋糕的过程中加入奶粉，可提高面团筋力和发酵力。

食粉

●● 食粉即小苏打，呈固体状态，色洁白，易溶于水，与酸性食材混合会产生膨胀效果，常用于制作酸性较重的蛋糕。

杏仁粉

●● 杏仁粉是杏仁磨成的粉末，也是烘焙中经常用到的材料，适用于蛋糕和饼干的制作，可减少甜味，增加香味。

可可粉

●● 可可粉是用可可豆研磨而成，一般用于蛋糕、马卡龙、饼干、布丁的制作，也可用作装饰，增添糕点的色彩。

咖啡粉

●● 咖啡粉是用咖啡豆研磨而成的粉末，加进面团里可使面团着色，制成咖啡味的蛋糕，也可做果冻或布丁。

抹茶粉

●● 抹茶粉又称绿茶粉，是用干绿茶叶磨碎制成，带有一股茶香味，可增香、调味。

香草粉

●● 香草粉是用香草豆为原料磨成的粉末，有浓郁的香草味，可将其直接加入面粉内和面，能去除鸡蛋的腥味。

芝麻粉

●● 芝麻粉是择取优质芝麻籽，再经过烘炒等工艺加工而成，将其添加到蛋糕或是馅料中，可起到提香的作用。

果冻粉

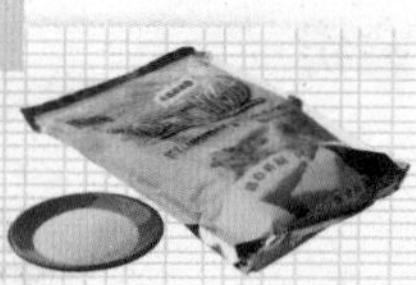

●● 果冻粉是一种制作果冻的材料，在制作时，可根据个人口味，加入咖啡、果汁、绿茶粉、椰浆等，制成各种风味独特的果冻。

鱼胶粉

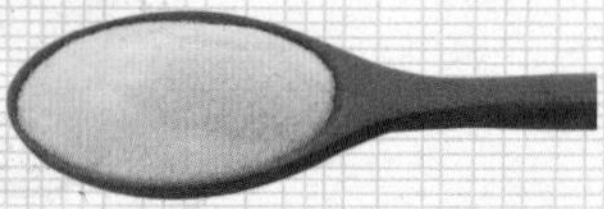

●● 鱼胶粉又称吉利丁粉，是从鱼鳔、鱼皮提取出的一种蛋白质凝胶，也是制作慕斯蛋糕等不可或缺的原料。

色拉油

●● 色拉油是将毛油经过精炼加工而成的精制食品油，呈淡黄色，无气味，常用于制作蛋糕、三明治、酥饼、曲奇饼等。

黄油

●● 黄油是把新鲜牛奶加以搅拌之后上面的浓稠状物体滤去部分水分之后产生的黄色半固态油脂，色泽浅黄，气味芬芳，适用于各类蛋糕。

酥油

●● 酥油是类似黄油的一种乳制品，是从牛奶、羊奶中提炼出的脂肪，常用于派、饼干、起酥类面包的制作，使其更酥脆、蓬松。

片状酥油

●● 片状酥油即人造奶油，由植物油氢化而来，具有良好的起酥性，可作为奶油的替代品，多用来做千层酥和牛角面包。

白奶油

●● 白奶油分含水和不含水两种，含水的多用于做裱花蛋糕，而不含水的多用于做奶油蛋糕、奶油霜饰和其他高级西式糕点。

淡奶油

●● 淡奶油是指可以打发裱花用的动物奶油，相较于植物奶油更健康，常用来制作奶油或慕斯蛋糕、提拉米苏。

植物鲜奶油

●● 植物鲜奶油是以大豆等植物油和水、盐、奶粉等加工而成的，广泛用于烘焙领域，可用于制作面包夹心、慕斯蛋糕等。

牛奶

●● 牛奶不但可以提升蛋糕的品质、口感等，使其组织更细腻，还可以代替水来和面，使面团更湿润、滑嫩。

炼奶

●● 炼奶是一种将牛奶蒸发掉水分进行浓缩后加糖的奶制品，可使面糊或面团增加浓稠度，更多用于蛋糕、慕斯、饼干等的制作。

忌廉

●● 忌廉的乳脂含量较牛奶高，与奶油相比更加清淡爽口，是西式糕点制作的素材之一，经常用于制作起司类蛋糕或忌廉蛋糕。

鸡蛋

●● 鸡蛋是蛋糕中最常见的材料之一，在面团中添加鸡蛋，能使面团变得更蓬松柔软，其中蛋黄还能起到着色的作用。

细砂糖

●● 在制作西式糕点的过程中，加入细砂糖，不但能增加面包和蛋糕的甜香度，改变口感，还能使面团膨胀，让面团更柔软光滑。

食盐

●● 在制作西式糕点时，食盐的添加量一般占面粉总量的1％~2.2％，其不但能增加面筋吸收水分的性能，还能使面筋膨胀而不致断裂。

黑巧克力

●● 黑巧克力主要由可可脂、少量糖组成，硬度较大，在制作西式糕点时经常用到，可用于制作蛋糕、饼干，也可用作装饰。

牛奶巧克力

●● 牛奶巧克力的脂肪含量高于黑色巧克力，同样在制作西式糕点时经常用到，适于蛋糕、饼干的制作，或者直接作为装饰。

芝麻

●● 芝麻分为白芝麻和黑芝麻两种，在制作西式糕点时，可以撒在面包、蛋糕或饼干生坯上，使其经过烘焙后香味四溢。

花生仁

●● 花生仁是指去掉花生壳后的果仁，在制作西式糕点的过程中，直接切碎加入面糊中，然后进行烘烤，口感醇香，也可用作装饰。

核桃仁

●● 核桃仁为核桃核的果肉，又名胡桃仁，一般将其碾碎后拌入西式糕点馅料或者面团中，制成核桃馅的蛋糕或饼干。

瓜子仁

●● 瓜子仁不但可以直接食用，还可以作为制作糕点的原料，通常用于制作瓜子仁桃酥、瓜子面包等，别具风味。

杏仁片

●● 杏仁片是由大杏仁切片而成的，不但可以直接食用，还可以用于饼干、蛋糕、面包的装饰，口感细腻、清脆。

燕麦片

●● 燕麦片是由燕麦粒轧制而成的，呈扁平状，营养丰富，一般用来制作杂粮面包、小西饼、燕麦卷等。

芝士片

●● 芝士片也称为奶酪片，是一种由牛奶经浓缩、发酵而成的奶制品，也是奶酪面包或芝士蛋糕的主要原料。

吉利丁片

●● 吉利丁片呈半透明黄褐色，有腥味，需泡水去腥，适合制作慕斯类、芝士类等糕点，还可以用于制作布丁、奶酪等。

草莓馅

●● 草莓馅是新鲜草莓经过加工而成的果酱，口味醇香，酸中带甜，经常用来做面包和蛋糕的馅料。

芒果馅

●● 芒果馅是新鲜芒果经过加工而成的果酱，口味醇香，酸中带甜，常用来制作面包和蛋糕的馅料。

香橙果酱

●● 香橙果酱香甜，适用于西式糕点中切片面包的涂层，还可作为蛋糕、三明治的馅料，可增强口感，产生亮丽的色泽效果。

透明果酱

●● 透明果酱一般没什么甜味，经常被涂抹在面包或者蛋糕表面上，可以增加光泽，使其更加美观可口。

沙拉酱

●● 沙拉酱一般由鸡蛋和油制作而成，通常用于涂抹在三明治、肉松面包、肉松蛋糕、吐司、汉堡包上。

花生酱

●● 花生酱是大众喜爱的香味调味品之一，为黄褐色，具有花生固有的浓郁香气，一般用作拌面包或甜饼的馅心配料。

蓝莓

●● 蓝莓是一种小浆果，果实呈蓝色，被一层白色果粉包裹，果肉细腻，经常用于蛋糕、饼干的装饰，也可用来制作水果蛋挞。

桑葚

●● 桑葚一般个大、肉厚，呈紫红色，酸甜适口，可加糖熬成汁加入面团中，制成蛋糕、饼干等，也可用作装饰。

草莓

●● 草莓外观呈心形，鲜美红嫩，含有浓郁的水果芳香，常用于制作草莓蛋糕、草莓蛋挞等，也可用作装饰。

蜂蜜

●● 蜂蜜为蜜蜂采集的花蜜经自然发酵而成的黄白色黏稠液体，可加入蛋糕或小西饼的面团中，增加风味和色泽。

椰丝

●● 椰丝是椰子的果肉加工而成的，可直接食用，也可用于糕点调味、表面装饰，或做馅料。

提子干

●● 提子干一般用于制作蛋糕、面包、饼干的馅心，或者放在面团表面上，作为一种装饰使用。

肉松

●● 肉松是用猪的瘦肉或鱼肉、鸡肉除去水后制成的，经常被用作面包、蛋糕、三明治的馅料，营养丰富，味美可口。

Part 2

感受蛋糕的幸福滋味

一边吃着糕点喝着茶，一边听着优雅动听的音乐，或者一边与好友闲聊，一边看着来来往往的人群，全身放松地享受着蛋糕的美味和一段和谐宁静的时光……现简单介绍几种蛋糕的制作方法，让你做出属于自己的幸福蛋糕。

海绵蛋糕

在早上或午后来一块小小的海绵蛋糕，既可充饥，又可与下午茶搭配食用，悠闲自在，为忙碌的生活平添一点色彩。它软而细腻，甜度适中，是人们最常食用的糕点之一，老少皆宜。

抹茶玛德琳

工具 刷子、微波炉、电动搅拌器、饭勺、模具、烤箱

材料*2人份 低筋面粉90克，抹茶粉5克，泡打粉2克，盐少许，黄油60克，生奶油30克，牛奶10克，鸡蛋2个，细砂糖65克，煮好的红豆馅45克，涂模具用的黄油少许

做法 1.将模具刷上黄油，把黄油、牛奶和生奶油用电动搅拌器拌匀，放到微波炉里加热1分钟。2.鸡蛋打散后加细砂糖、盐、低筋面粉、泡打粉、抹茶粉，快速搅拌。3.往步骤1的材料中加一勺步骤2的面团及红豆馅，拌匀后再倒进剩下的面团里拌匀。4.用饭勺把面团装到模具里，至六七分满，装好后放到预热至170℃的烤箱里，烘烤15～20分钟。

1

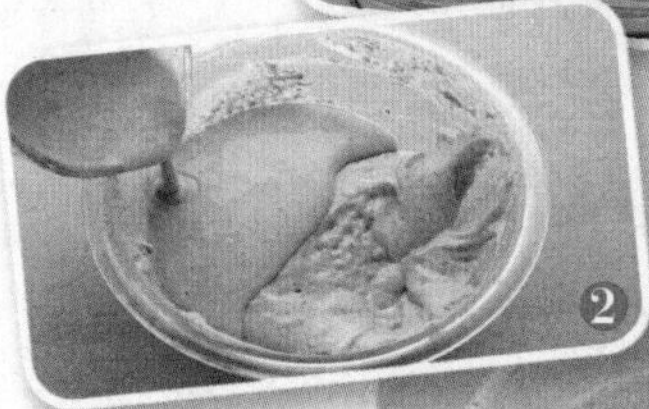
2

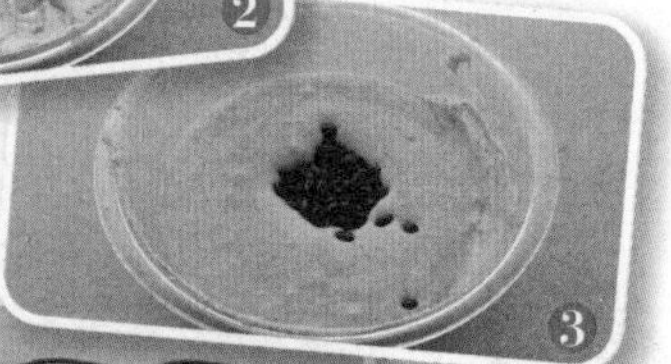
3

4

新手注意 黄奶油不宜过度加热，加热到其完全溶化即可；模具中装入面团的量不要过满，装有六七分满即可。

香蕉海绵蛋糕

工具 搅拌器、勺子、筛网、刀、凹型模具、烤箱

材料*2人份 香蕉40克，海绵蛋糕30克，蛋黄1个，配方奶粉15克。

做法 1.将香蕉装入碗中，用勺子按压成泥后，加入磨碎的蛋黄和配方奶粉用搅拌器混合匀。2.再用筛网将混合物过滤一下；海绵蛋糕用刀剁碎待用。3.将所有食材混合拌匀。4.在凹型模具里倒入拌好的食材饼，用勺子抹平（填充至八分满）。5.将烤箱调为上火170℃、下火180℃，预热5分钟。6.将填充好的凹型模具放入预热好的烤箱烤10~15分钟取出，将蛋糕脱模之后装盘，放上装饰品即可。

新手注意 香蕉可以用苹果、梨子、猕猴桃等其他水果替代。如果没有海绵蛋糕，可以用吐司替代。

胡萝卜蛋糕

工具 刷子、菊花模具、切丝器、刀、电动搅拌器、筛网、烤箱

材料*4人份 鸡蛋3个，低筋面粉200克，泡打粉4克，肉桂粉3克，胡萝卜、核桃各50克，盐2克，细砂糖130克，黄油适量

做法 1.用刷子在菊花模具内部刷上黄油后，撒上低筋面粉；用切丝器将胡萝卜刨成细丝，核桃放入烤箱烤熟后，用刀切碎。2.将鸡蛋、细砂糖、盐、核桃、胡萝卜丝放入钢盆中，用电动搅拌器搅打均匀呈浓稠状。3.加入低筋面粉、泡打粉、肉桂粉过筛至钢盆中，轻轻搅拌至均匀、柔软。4.将面糊倒入模型中，放入烤箱，调上下火为180℃，烤约20分钟取出，将胡萝卜蛋糕脱模之后装盘即可食用。

新手注意 鸡蛋从冰箱里拿出来后不要直接使用，最好是放置到常温再使用，冬天可以隔温水加热打发鸡蛋，这样可以减少鸡蛋的表面张力，较容易打发。

巧克力抹茶蛋糕

工具 裱花袋、电动搅拌器、长柄刮板、烘焙纸、蛋糕刀、烤箱

材料*5人份 水20毫升，色拉油55毫升，细砂糖128克，低筋面粉70克，玉米淀粉55克，泡打粉2克，蛋黄75克，抹茶粉15克，塔塔粉3克，蛋白175克，白巧克力液50克，黑巧克力液10克

做法 1.将除蛋白、细砂糖100克、塔塔粉、黑白巧克力液以外的材料全部拌匀至糊状成蛋黄部分；另取容器装剩余材料用电动搅拌器拌匀即成蛋白部分。2.蛋白部分分两次倒入蛋黄部分，用长柄刮板拌匀。3.拌好的面糊倒在有烘焙纸的烤盘上，入烤箱，温度调上火180℃、下火160℃，烤15分钟。4.用蛋糕刀切块，将白巧克力液淋到蛋糕上，黑巧克力液入裱花袋挤到蛋糕上即可。

新手注意 **在给蛋糕抹巧克力的时候，不要将巧克力抹得太厚，因为巧克力抹得太厚会影响蛋糕的口感。**

海绵蛋糕

工具 电动搅拌器、裱花袋、长柄刮板、烘焙纸、剪刀、竹签、烤箱

材料*3人份 鸡蛋4个，低筋面粉125克，细砂糖112克，清水50毫升，色拉油37毫升，蛋糕油10克，蛋黄30克

做法 1.将鸡蛋、细砂糖、清水、低筋面粉、蛋糕油、色拉油装入容器中，用电动搅拌器拌成面糊。2.将面糊倒在铺有烘焙纸的烤盘上，用长柄刮板抹匀，然后将蛋黄拌匀倒入裱花袋中，用剪刀将裱花袋尖端剪开。3.将面糊表面上淋上蛋黄液放到烤盘上，用竹签划上花纹，将烤盘放入烤箱中。4.把烤箱温度调成上火170℃，下火190℃，烤20分钟至熟，取出烤盘。5.将烤好的蛋糕切成四等份，再切成三角形即可。

新手注意 为了判断海绵蛋糕是否烤熟，可以用手在蛋糕上轻轻一按，若松手后蛋糕可复原，则表示蛋糕已烤熟。

蜂蜜海绵蛋糕

工具 烘焙纸、长柄刮板、电动搅拌器、蛋糕刀、烤箱

材料*4人份 鸡蛋240克，蛋黄40克，细砂糖140克，盐2克，蜂蜜40毫升，水50毫升，高筋面粉125克

做法 1.将水、细砂糖倒碗中，加入盐、蛋黄、鸡蛋、高筋面粉、蜂蜜，用电动搅拌器拌匀成浆。2.将蛋糕浆倒入垫有烘焙纸的烤盘上，并用长柄刮板抹平，烤箱温度调成上下火170℃进行预热。3.将烤盘放入烤箱中，烤20分钟至熟，取出。4.烤盘倒扣在烘焙纸上，拿走烤盘，撕去粘在蛋糕上的烘焙纸，将垫底烘焙纸盖到蛋糕上，将蛋糕翻面。5.用蛋糕刀将蛋糕切成四方块装盘即可。

新手注意 **新鲜的鸡蛋是制作海绵蛋糕的最重要的条件，因为新鲜的鸡蛋溶液稠度高，能打进气体，保持气体性能稳定。**

奶茶磅蛋糕

工具 奶锅、筛网、搅拌器、电动搅拌器、饭勺、磅蛋糕模具、烤箱

材料*3人份 软化的黄油100克，低筋面粉150克，泡打粉3克，盐少许，鸡蛋2个，黄糖60克，伯爵红茶包4个，水30毫升，生奶油30克，红茶甜酒1小匙，奶茶30毫升

做法 1.奶锅里加水，放入3个茶包，煮开后泡成浓茶。2.在泡好的茶里加生奶油，煮到快要起泡为止。3.把软化的黄油用搅拌器打散后，加黄糖搅拌均匀，另外把鸡蛋打好，先后分三次倒入，一边倒一边用电动搅拌器拌匀。4.加红茶甜酒拌匀，再倒入过了筛的低筋面粉、泡打粉和盐，把剩下的1个红茶包也拆开来倒进去。5.再倒30毫升泡好的奶茶，搅拌均匀。6.拌匀后装到磅蛋糕模具里，为了不让表面膨胀得太厉害，用饭勺扫出一个小坑后，放入预热到170~180℃的烤箱中，烘烤30~40分钟即可。

新手注意 没有茶包的话，把伯爵红茶的茶叶磨成粉也可以。

香蕉蛋糕

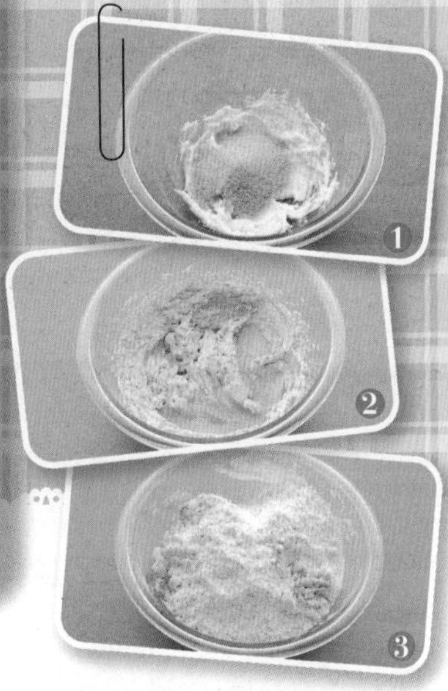

工具 搅拌器、电动搅拌器、饭勺、筛网、叉子、磅蛋糕模具、烤箱

材料*4人份 黄油100克，低筋面粉160克，泡打粉3克，烘焙苏打1克，盐少许，鸡蛋2个，黄糖60克，香蕉120克，生奶油25克，黑巧克力20克

做法 1.用搅拌器把黄油打散后，加黄糖搅拌均匀。2.把鸡蛋分2～3次倒进去，用电动搅拌器充分搅拌均匀。3.倒入过了筛的低筋面粉、泡打粉、烘焙苏打和盐，用饭勺搅拌均匀。4.在另一个搅拌碗里加香蕉，用叉子捣碎后，加生奶油拌匀。5.面粉搅拌得差不多的时候，把步骤4的食材倒进去搅拌均匀，把切成小块的黑巧克力倒进去，搅拌均匀成蛋糕浆。6.将蛋糕浆分别装到磅蛋糕模具里，放入预热到160～170℃的烤箱中，烘烤35～40分钟取出即可食用。

新手注意 制作蛋糕时，生奶油可以用牛奶来代替。

富士蛋糕

工具 电动搅拌器、搅拌器、模具、裱花袋、剪刀、烤箱

材料*4人份 鸡蛋7个，细砂糖180克，低筋面粉150克，高筋面粉80克，盐2克，奶香粉3克，泡打粉2克，蛋糕油17克，鲜奶70毫升，色拉油80克，黄油适量

做法 1.把鸡蛋、细砂糖、盐一起倒入容器内，用电动搅拌器中速打至细砂糖完全溶化，并呈泡沫状。2.加入低筋面粉、高筋面粉、奶香粉、泡打粉，蛋糕油，先拌匀，再快速搅打至原体积的2.5倍大。3.分次加入鲜奶、色拉油，用搅拌器搅拌均匀成光滑的面糊，装入裱花袋中，用剪刀剪出一个小口，挤入抹了黄油的模具内，至八分满。4.将模具放入烤箱中，以150℃烘烤约25分钟，至完全熟透，从烤箱中取出模具，冷却后脱模即可。

新手注意 在烘烤蛋糕的时候，一定要控制好烤箱的温度，一般蛋糕烤至呈浅黄色即可。

翡翠蛋糕

工具 电动搅拌器、刷子、长柄刮板、烤箱

材料*3人份 鸡蛋5个，细砂糖150克，中筋面粉150克，泡打粉2克，蛋糕油12克，清水30毫升，色拉油80毫升，哈密瓜色香油少许

做法 1.把鸡蛋、细砂糖倒在钢盆中，用电动搅拌器中速打至细砂糖完全溶化，并呈泡沫状。2.加入中筋面粉、泡打粉、蛋糕油打至原体积的2.5倍，再分次加入清水、色拉油，用电动搅拌器搅拌成光滑的面糊。3.在哈密瓜色香油中加少许的水，把颜色调浅，倒入面糊中用长柄刮板拌匀，倒入刷了油的模具内，至八分满。4.烤盘内加100克的清水，将模具放入烤盘中，烤盘入炉以上下火150℃烘烤，约烤30分钟，出炉脱模即可。

新手注意 鸡蛋和糖先用慢速搅打2分钟，再改用中速搅拌至蛋糖呈乳白色即可。

红豆蛋糕

工具 电动搅拌器、烘焙纸、长柄刮板、刀、烤箱

材料*4人份 红豆粒60克，蛋白280克，细砂糖140克，玉米淀粉90克，色拉油100毫升

做法 1.将蛋白、细砂糖倒入容器中，用电动搅拌器快速打发至起泡。2.换另一个容器，倒入色拉油、玉米淀粉、适量步骤1制成的蛋白部分，拌匀。3.将第2步的成品加入剩下的蛋白部分，拌成浆。4.将红豆粒、蛋糕浆依次倒在垫有烘焙纸的烤盘中，用长柄刮板抹平，放入烤箱。5.将烤箱温度调成上下火160℃，烤20分钟至熟，取出后撕去烘焙纸。6.盖上另一半的烘焙纸，将蛋糕翻面，用刀将蛋糕切成条状，将蛋糕两两相合，直接装盘即可。

新手注意 蛋糕浆装入烤盘的量太多，烘烤后的蛋糕会膨胀、溢出，影响美观。

巧克力海绵蛋糕

工具 电动搅拌器、烘焙纸、齿轮刀、烤箱

材料*3人份 鸡蛋6个，细砂糖155克，低筋面粉125克，食粉2.5克，牛奶50毫升，色拉油28毫升，可可粉50克

做法 1.将鸡蛋、细砂糖倒入容器中，用电动搅拌器快速拌匀。2.将食粉、可可粉倒入低筋面粉中，再将其倒入步骤1的容器中，并加入牛奶、色拉油拌成蛋糕浆。3.将蛋糕浆倒入烤盘中，放入烤箱，将温度调成上下火170℃，烤20分钟至熟。4.将烤盘取出，倒扣在烘焙纸上，撕去粘在蛋糕上的烘焙纸。5.盖上另一半垫底的烘焙纸，将蛋糕翻面，用齿轮刀将蛋糕切成三角形状，切好的蛋糕直接装盘即可。

新手注意 若蛋糕浆装入烤盘的量过少，会降低蛋糕的松软度。

香草布丁蛋糕

工具 搅拌器、裱花袋、蛋糕模、烤箱

材料*2人份 鸡蛋5个，细砂糖130克，低筋面粉150克，玉米粉30克，香草粉3克，蛋糕油12克，鲜奶25毫升，水125毫升，色拉油70毫升，卡士达馅适量

做法 1.把鸡蛋、细砂糖用搅拌器搅拌至细砂糖完全溶化。2.加入低筋面粉、玉米粉、香草粉、蛋糕油，先慢后快，搅拌均匀，至原体积的3倍大，制成面糊。3.将鲜奶、25毫升水、适量的色拉油混合拌匀，再分次加到面糊中，拌匀。4.将拌好的面糊倒入刷了油的蛋糕模内至八分满。5.将卡士达馅装入裱花袋中，均匀挤在面糊表面，放入烤盘，并往烤盘内加100毫升的水，以150℃的炉温约烤25分钟至完全熟透，取出脱模即可。

新手注意 **海绵蛋糕因其组织松软和易于成熟，一般依形状来选择模具。**

红茶海绵蛋糕

工具 电动搅拌器、模具、蛋糕刀、烤箱

材料*4人份 鸡蛋9个，细砂糖230克，色拉油70毫升，低筋面粉190克，红茶末10克，牛奶70毫升

做法 1.将鸡蛋、细砂糖倒入容器中，用电动搅拌器拌匀。2.红茶末倒入低筋面粉碗中，再将其倒入步骤1的容器中，拌匀。3.边倒入牛奶、色拉油边用电动搅拌器拌匀成蛋糕浆。4.将蛋糕浆倒入模具中，五分满即可，烤箱温度调成上下火170℃预热。5.将模具放入烤箱中，烤20分钟至熟，从烤箱中取出蛋糕。6.从底部轻轻将蛋糕往上推，使蛋糕与模具圈脱离，用蛋糕刀轻轻将蛋糕与模具底脱离，直接装盘即可。

新手注意 **如将上述材料中的红茶末替换为绿茶末，即可制成绿茶海绵蛋糕。**

柳橙蛋糕

工具 电动搅拌器、筛网、刀、蛋糕模、烤箱

材料*5人份 酸奶100克，鸡蛋3个，细砂糖245克，低筋面粉60克，高筋面粉60克，泡打粉7克，橙皮15克，浓缩橙汁30毫升，溶化的黄油70克

做法 1.将鸡蛋和细砂糖倒入容器中，用电动搅拌器打发至浓稠，再分次倒入酸奶，打发均匀。2.用筛网将低筋面粉、高筋面粉、泡打粉过筛至容器中，打发均匀。3.加入橙汁，打发均匀，用刀将橙皮削成丝，加进里面，再打发均匀。4.最后加入溶化的黄油，继续打发均匀，制成面糊。5.将拌好的面糊倒入蛋糕模内，至八分满。6.把蛋糕模放入烤箱内，将温度调成上下火180℃，烤35分钟，取出倒扣，冷却后脱模即可。

新手注意 在打发鸡蛋和细砂糖时，应先慢后快打发至发白、浓稠。

布朗尼蛋糕

工具 电动搅拌器、刮板、烘焙纸、蛋糕刀、烤箱

材料*2人份 黄油液125克，细砂糖150克，低筋面粉50克，鸡蛋2个，泡打粉1克，食粉1克，可可粉10克，黑巧克力液25克，装饰用黑巧克力液适量

做法 1.将黄油液、细砂糖倒入容器中，用电动搅拌器快速拌匀，加入鸡蛋快速拌匀。2.将粉状物倒入容器中，用电动搅拌器快速拌匀，加入黑巧克力液，拌匀成蛋糕浆。3.将蛋糕浆倒入铺有烘焙纸的烤盘中，用刮板抹匀成形。4.将烤盘放入烤箱，调上火180℃、下火160℃，烤15分钟至热。5.将烤盘取出，撕去烘焙纸，用蛋糕刀切成小方块。6.将装饰用黑巧克力液倒在蛋糕上抹平即可。

新手注意 烘烤的温度对所烤蛋糕的质量影响很大，不宜过高也不宜过低。

提子蛋糕

工具 电动搅拌器、蛋糕模、烤箱

材料*5人份 鸡蛋5个，细砂糖112克，低筋面粉125克，盐1.5克，玉米粉15克，奶香粉1.5克，泡打粉1克，蛋糕油10克，鲜奶30克，清水30毫升，色拉油100毫升，提子干、黄油各适量

做法 1.将鸡蛋、细砂糖、盐倒入容器中，用电动搅拌器打发至细砂糖完全溶化。2.加入低筋面粉、玉米粉、奶香粉、泡打粉、蛋糕油，先慢后转快打发至原体积的3倍大。3.再分次加入鲜奶、清水、色拉油，继续打发均匀，制成面糊。4.在蛋糕模内抹上黄油，再倒入面糊，至八分满。5.表面撒上提子干，放入烤箱，以150℃烤约45分钟。6.从烤箱中取出蛋糕模，冷却后脱模即可。

新手注意 在蛋糕烤至上色时，可以从蛋糕中间轻划一刀，外形会更美观。

熔岩蛋糕

工具 模具、电动搅拌器、刷子、筛网、烤箱

材料*1人份 黑巧克力70克，黄油50克，低筋面粉30克，细砂糖20克，鸡蛋1个，蛋黄1个，朗姆酒5毫升，糖粉适量

做法 1.用刷子在模具上刷一层黄油，倒入低筋面粉。2.将黑巧克力隔水煮至溶化，倒入黄油，至全部溶化即关火。3.将蛋黄、鸡蛋、细砂糖、朗姆酒、低筋面粉倒入碗中，用电动搅拌器拌匀后倒入巧克力黄油浆，制成蛋糕浆。4.将蛋糕浆倒入模具中，五分满即可。5.将模具调成上火180℃、下火200℃预热过的烤箱中，烤20分钟至熟。6.将烤盘拿出，蛋糕脱模之后装盘，用筛网过筛适量的糖粉到蛋糕上装饰即可。

新手注意 加热黑巧克力与黄油时，要不停搅拌，使之充分混合。

三明治蛋糕

工具 搅拌机、电动搅拌器、筛网、烘焙纸、烤箱

材料*2人份 鸡蛋3个，细砂糖55克，制饼用大米粉55克，黄油20克，糖粉20克，黑芝麻30克，生奶油140克

做法 1.将黑芝麻用搅拌机稍稍磨一下。2.将鸡蛋、细砂糖、过筛好的大米粉、一半黑芝麻混匀后加入溶好的黄油和生奶油，拌匀成蛋糕浆。3.将蛋糕浆倒烤盘中，抹平后放到预热到170℃的烤箱，烘烤15分钟，取出冷却后，剥去烘焙纸。4.生奶油和糖粉用电动搅拌器打至黏稠后，加入剩下的黑芝麻，再打到80%～90%起泡就可以了。5.把冷却后的蛋糕分成两半，在烘烤过的底部涂上一点糖浆后，再把做好的芝麻奶油抹上去，另一半也涂上一些糖浆。6.把一半的蛋糕放在另一半上，用烘焙纸包好，放到冷藏室里稍微冰一下，奶油稍微变硬了一些的时候，把蛋糕取出来，切成三明治的形状。

新手注意 在制作前，可先把烘焙纸按照烤盘的大小剪好后铺上去。

奶油蛋糕

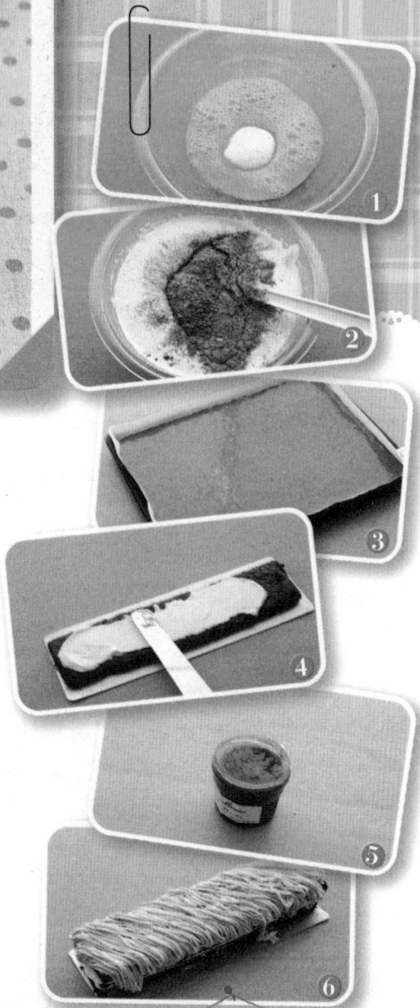

工具 电动搅拌器、筛网、烘焙纸、长柄刮板、抹刀、蛋糕刀、烤箱

材料*2人份 鸡蛋3个，细砂糖72克，低筋面粉50克，可可粉15克，黄油15克，生奶油235克，水20毫升，板栗酱（栗子浆）130克

做法 1.将鸡蛋加55克细砂糖拌匀，用电动搅拌器打至起泡。2.加入过筛的低筋面粉、可可粉、黄油、15克生奶油，拌匀。3.将烤盘铺上烘焙纸后，倒入面糊，用长柄刮板把表面刮平整，之后再放入预热到170～180℃的烤箱，烘焙大约15分钟，把烤好的蛋糕从烤盘上拿下，连烘焙纸一起冷却后，用刀切成想要的形状和大小。4.用20毫升水加10克细砂糖制成糖浆，用100克生奶油加7克细砂糖制成填充用奶油，用抹刀将糖浆和一半的填充用奶油依次涂在蛋糕上，放上另一片蛋糕，涂上剩下的糖浆、奶油。5.120克生奶油加板栗酱拌成栗子奶油涂在蛋糕表面。6.冷藏30分钟取出即可。

新手注意 在制作前，黄油和生奶油应一起稍微加热一下。

维也纳蛋糕

工具 裱花袋、烘焙纸、电动搅拌器、剪刀、蛋糕刀、烤箱

材料*3人份 鸡蛋4个，蜂蜜20毫升，低筋面粉100克，细砂糖170克，奶粉10克，朗姆酒10毫升，黑、白巧克力液各适量

做法 1.将鸡蛋、细砂糖倒入容器中，用电动搅拌器拌匀。2.将奶粉倒入低筋面粉中混合，混合物倒入蛋液、朗姆酒、蜂蜜，用电动搅拌器拌成蛋糕浆。3.将蛋糕浆倒入垫有烘焙纸的烤盘中，再将烤盘放入上下火170℃预热过的烤箱中，烤20分钟至熟。4.将黑、白巧克力液分别装入裱花袋中，用剪刀剪出小块，在蛋糕上斜向划上条纹巧克力。5.待巧克力凝固之后，将蛋糕切成长宽条状，装盘即可。

新手注意 蛋糕的口感因打发的膨松度和蛋糖面粉比例的不同而不同，一般蛋糕浆以填充烤盘的七八成满为宜。

红豆芝士蛋糕

工具 电动搅拌器、烘焙纸、长柄刮板、筛网、蛋糕刀、烤箱

材料*3人份 芝士250克，鸡蛋3个，细砂糖20克，酸奶75毫升，黄油25克，红豆粒80克，低筋面粉20克，糖粉适量

做法 1.芝士隔水软化后用电动搅拌器拌匀。2.将细砂糖、黄油、鸡蛋、低筋面粉、酸奶、红豆粒分别加入容器中拌匀成面糊。3.将面糊倒在烤盘中，用长柄刮板抹平。4.放入上下火180℃预热过的烤箱，烤15分钟至熟。5.将烤盘倒扣在操作台的烘焙纸上，撕去蛋糕上粘的烘焙纸，将蛋糕翻面，用刀将蛋糕边缘切除。6.将蛋糕切成长约4厘米，宽约2厘米的块状，装盘，在上面过筛适量的糖粉即可。

新手注意 烘烤时间应依据制品的大小和厚薄来决定，也可依据配方中糖的含量灵活调节。

坚果巧克力蛋糕

工具 长柄刮、电动搅拌器、裱花袋、剪刀、纸杯、筛网、烤箱

材料*3人份 黄油225克，可可粉25克，低筋面粉137克，糖粉275克，泡打粉5克，鸡蛋5个，花生碎、黑巧克力、糖粉各适量

做法 1.将溶化的黄油倒入碗中，加入溶化的黑巧克力液，用长柄刮板搅拌均匀。2.放入糖粉、鸡蛋，用电动搅拌器打发均匀，倒低筋面粉、可可粉、泡打粉，搅拌均匀。3.加入花生碎，打发片刻，制成面糊，倒入裱花袋中，裱花袋尖端部位用剪刀剪开。4.把纸杯放入烤盘，往纸杯内挤入面糊，至六分满。5.放入烤箱中，将温度调为上下火190℃，烤20分钟。6.取出烤盘，糖粉过筛至蛋糕上，取出蛋糕即可。

新手注意 如果蛋糕烤制温度太高，则蛋糕顶部隆起，中央部分容易裂开，四边向里收缩，糕体较硬，口感不佳。

格格蛋糕

工具 电动搅拌器、烘焙纸、刀、烤箱

材料*4人份 细砂糖112克，鸡蛋5个，色拉油45毫升，水42毫升，蛋糕油5克，蜂蜜12.5克，牛奶39毫升，奶粉5克，泡打粉2克，中筋面粉170克

做法 1.将鸡蛋、细砂糖用电动搅拌器打发均匀，放入中筋面粉、奶粉、泡打粉，搅拌均匀；加入蛋糕油、蜂蜜，打发均匀，再边打发边倒入水，边打发边倒入牛奶，边打发边倒入色拉油，继续打发均匀，制成面糊。2.将面糊倒在垫有烘焙纸的烤盘上，抹匀后放入上下火170℃的烤箱，烤20分钟。3.用刀在蛋糕上依次轻轻地切一下，两侧切平整，再对半切开，取其中一半，再切成三等份，最后装盘即可。

新手注意 使用电动搅拌机时，不宜过度搅拌。过度搅拌会使面糊中的气泡消失，影响蛋糕的蓬松度。

瑞士松糕

工具 电动搅拌器、裱花袋、剪刀、纸杯、烤箱

材料*3人份 可可粉38克，水70毫升，泡打粉15克，糖粉250克，鸡蛋3个，盐3克，黄油270克，高筋面粉15克，食粉7克，低筋面粉250克，杏仁适量

做法 1.将黄油、糖粉倒入碗中，用电动搅拌器打发均匀，鸡蛋分三次加入并打发均匀。2.加低筋面粉、泡打粉、食粉、盐、高筋面粉、可可粉、水，打成面糊，并倒入裱花袋中。3.将纸杯放入烤盘中，用剪刀在裱花袋尖端剪开小口，往纸杯内挤入面糊，至七分满后放入杏仁。4.烤盘放入烤箱，烤箱温度调成上下火170℃，烤20分钟，取出烤盘，将烤好的蛋糕装盘即可。

新手注意 为了保持制品的新鲜度，可将蛋糕放在2～10℃的冰箱里冷藏。

英式红茶奶酪

工具 电动搅拌器、烘焙纸、长柄刮板、蛋糕刀、烤箱

材料*5人份 鸡蛋5个，细砂糖75克，黄油75克，蛋糕油9克，低筋面粉A115克，牛奶60毫升，水75毫升，泡打粉8克，红茶末12克，低筋面粉B150克，葡萄干、打发鲜奶油各适量

做法 1.将鸡蛋、细砂糖倒入容器中，用电动搅拌器拌匀，加黄油、低筋面粉A、蛋糕油、泡打粉拌匀，再边加牛奶边拌匀；将低筋面粉B、红茶末、葡萄干、水混合拌匀。2.将A、B两种拌匀的蛋糕浆倒在垫有烘焙纸的烤盘上，用长柄刮板抹平，放入上下火170℃预热过的烤箱中，烤15~20分钟。3.取出蛋糕用蛋糕刀切成三条。4.三条蛋糕间抹上奶油，再将其切成两块即可。

新手注意 在制作蛋糕浆时可以添加适量的柠檬汁，丰富蛋糕的味道。

绿野仙踪

工具 电动搅拌器、长柄刮板、烘焙纸、蛋糕刀、烤箱

材料*2人份 鸡蛋4个，蛋糕油8克，泡打粉2克，盐1克，低筋面粉90克，黄油25克，牛奶50毫升，抹茶粉5克，细砂糖80克，白巧克力液适量

做法 1.将鸡蛋、细砂糖、盐、低筋面粉、蛋糕油、泡打粉、牛奶、黄油倒入容器中，用电动搅拌器拌成浆。2.将一半浆倒入另一个容器，加入抹茶粉，用长柄刮板拌匀，第一个容器中加入白巧克力液，同样用长柄刮板拌匀。3.将一张叠好的中间拱起的烘焙纸垫在烤盘上，两种浆分别倒入烤盘两边。4.放入上火180℃、下火160℃的烤箱，烤20分钟至熟。5.将蛋糕叠起来用蛋糕刀切成条状即可。

新手注意 蛋糕原料搅拌均匀后，一般应立即灌入烤盘，放入烤箱中烘烤。

双色纸杯蛋糕

工具 电动搅拌器、长柄刮板、2个裱花袋、剪刀、蛋糕杯、烤箱

材料*5人份 鸡蛋5个，细砂糖175克，低筋面粉200克，盐4克，蛋糕油10克，黄油125克，牛奶香粉2克，可可粉5克，杏仁片适量

做法 1.将鸡蛋、细砂糖倒入容器中，用电动搅拌器打发均匀，加入黄油，快速打发均匀；加入低筋面粉、蛋糕油、盐、牛奶香粉，用电动搅拌器打发均匀成蛋糕浆。2.将浆倒一半至另一个碗中，在其中一半中加入可可粉，快速搅拌均匀，用长柄刮板将两碗浆搅拌匀，分别装入两个裱花袋中。3.将两个裱花袋剪开后一起挤入蛋糕杯中，撒上杏仁片，再将蛋糕杯放入烤盘。4.将烤盘放入上下火170℃的烤箱中，烤15~20分钟至熟，取出蛋糕即可。

新手注意 **制作蛋糕的面粉常选择低筋面粉，其粉质要细，面筋要软。**

波士顿派

工具 搅拌器、电动搅拌器、长柄刮板、派模、抹刀、筛网、烤箱

材料*2人份 面粉、泡打粉、色拉油、水、蛋黄、鲜奶、蛋白、打发鲜奶油、细砂糖、盐、糖粉各适量

做法 1.将面粉、泡打粉、细砂糖、盐、水、色拉油、蛋黄、鲜奶放入盆中，用搅拌器拌成面糊；将蛋白放入盆中用电动搅拌器打至起泡，分2次加细砂糖，打发至干性发泡，然后分次加入面糊中，用长柄刮板拌匀，再倒入派模中至满。2.将派模放入烤箱中，约烤35分钟，出炉后倒扣在凉架上放凉；待凉后将蛋糕横切成2片，在中间用抹刀抹一层打发鲜奶油，盖上另一片蛋糕，表面用筛网筛上糖粉装饰即可。

新手注意 如果使用非不粘材质的模型制作波士顿派，可在模型底部垫一张同等大小的烘焙纸，以便蛋糕脱模。

慕斯蛋糕

慕斯蛋糕不同于传统蛋糕，它不用面粉，而是由轻盈的奶油和泡沫状的星芽组成。它如肥皂般柔软，口感丰富、柔顺而有弹性。

芝士巧克力慕斯

工具 小酥棍、心形模具、搅拌器、保鲜袋

材料*2人份 去掉夹心后的奥利奥曲奇35克，溶化的黄油10克，黑巧克力78克，芝士60克，生奶油100克，巧克力利口酒3毫升，牛奶10毫升，糖稀2克

做法 1.将奥利奥装到保鲜袋里，用小酥棍擀碎，加入溶化的黄油拌匀，装到心形模具里，放到冷藏室里冷藏。2.60克黑巧克力溶化成液，加入打散的芝士、巧克力利口酒，用搅拌器搅拌均匀制成慕斯。3.将生奶油分两次加进步骤2中，拌匀；心形模具里填满慕斯，冷藏45分钟。4.将牛奶、糖稀、18克黑巧克力拌匀成糖衣，涂在蛋糕表面后将其冷藏即可。

①

②

③

④

新手注意 在制作奶油巧克力慕斯时，可事先把巧克力用刀切成小块，这样可以加快巧克力的溶化速度。

草莓慕斯蛋糕

工具 小刀、勺子、奶锅、方形压模、慕斯模、火枪

材料*2人份 牛奶150毫升，蛋黄30克，吉利丁片1片，细砂糖30克，打发动物性鲜奶油250克，原味戚风蛋糕1个（做法详见58页），草莓适量

做法 1.将吉利丁片用清水泡4分钟至软后捞出备用。2.草莓洗净用小刀对半切开。3.牛奶用奶锅煮开加入细砂糖用勺子拌匀，加入吉利丁片搅拌溶化之后放凉。4.加入蛋黄拌匀，加入鲜奶油拌匀成慕斯料。5.将原味戚风蛋糕平切成薄片，用方形压模压出蛋糕片，蛋糕片放入慕斯模中，将切好的草莓切面贴着慕斯模放好，倒入慕斯料，放上蛋糕片，放冰箱冷藏2小时。6.用火枪喷射模具的周围30秒，即可脱模，放上草莓装饰。

新手注意 慕斯料入模后把模具往桌子上轻摔一下，震平，通过震动来起到消泡的作用，这样慕斯会没有气泡且比较平滑。

巧克力慕斯蛋糕

工具 搅拌器、慕斯模、勺子、奶锅

材料*4人份 鲜奶60毫升，蛋黄30克，吉利丁片1片，细砂糖30克，水18毫升，打发鲜奶油125克，抹茶味饼干适量，苦甜巧克力100克，动物性鲜奶油100克，核桃仁适量

做法 1.将热水中加入蛋黄、细砂糖，用搅拌器拌匀。2.用奶锅将鲜奶煮开后加入吉利丁片煮至溶化。3.将步骤2倒入步骤1中，再加入巧克力液、打发鲜奶油拌匀成慕斯浆。4.将饼干用勺子压碎，再将饼干碎与慕斯浆依次、交替加入模具中，放饼干时要用勺子压结实，形成3层，放入冰箱先冷藏4小时再冷冻2小时取出。5.将苦甜巧克力与动物鲜奶油煮匀成巧克力淋浆，淋到蛋糕上，放上核桃仁装饰即可。

新手注意 蛋糕在冷藏保存的时候，应该用密封盒或保鲜膜密封，以防止蛋糕体变干燥及冰箱异味渗入蛋糕体内。

圆柱慕斯蛋糕

工具 搅拌器、奶锅、慕斯模、裱花袋、剪刀、抹刀、牙签

材料*2人份 鲜奶150克，蛋黄30克，吉利丁片1片，细砂糖30克，打发鲜奶油250克，巧克力饼干、白巧克力液、黑巧克力液各适量，蛋糕体1个，樱桃少许

做法 1.将吉利丁片用清水泡4分钟至软。2.将鲜奶倒入奶锅中煮开，加入细砂糖、吉利丁片用搅拌器拌至溶化，放凉待用。3.加入蛋黄、鲜奶拌匀成慕斯料。4.将蛋糕体放入慕斯模中倒入慕斯料，放上巧克力饼干，用冰箱冷藏2小时取出。5.淋上白巧克力液，用抹刀将糕体抹上奶油，将黑巧克力液装入裱花袋中，剪开一个小口，在蛋糕上面画个圆圈，用牙签向内画出花纹，最后放上樱桃装饰即可。

新手注意 如果觉得脱模后蛋糕边缘有点软化，可以先放进冰箱冷藏片刻。

草莓奶油慕斯蛋糕

工具 蛋糕刀、圆形模具、三角铁板、平盘

材料*4人份 草莓150克，吉利丁片2片，牛奶250毫升，朗姆酒5毫升，打发鲜奶油250克，细砂糖25克，原味戚风蛋糕1个

做法 1.将原味戚风蛋糕用蛋糕刀平切成块，在圆形模具下垫上一块平盘，再放一块蛋糕；然后将草莓对半切开，放在模具边缘。2.锅置于火上，倒入牛奶、细砂糖拌匀，吉利丁片泡软后入锅拌匀；将煮好的牛奶倒入装有打发鲜奶油、朗姆酒的碗中拌匀，制成慕斯酱。3.将一半的慕斯酱倒入做好的蛋糕底的模具中，用三角铁板抹匀，放上另一块蛋糕，再倒入剩余的慕斯酱抹平，放入冰箱冷藏2小时后取出脱模即可。

新手注意 **切慕斯的时候，先把刀在火上烤一下，会切得更整齐。**

提子慕斯蛋糕

工具 蛋糕刀、心形模具、三角铁板、裱花袋、奶锅、保鲜膜

材料*4人份 吉利丁片2片，牛奶、打发鲜奶油各250克，朗姆酒5毫升，黑巧克力液10克，细砂糖25克，提子、巧克力片各适量，原味戚风蛋糕1个

做法 1.用蛋糕刀将戚风蛋糕切片，用心形模具压出形状，将模具放在保鲜膜上包好边缘放盘，蛋糕入模具，沿边缘摆上提子。2.牛奶、细砂糖、泡软的吉利丁片入奶锅加热拌匀，倒入装有打发鲜奶油、朗姆酒的碗中拌匀成慕斯酱。3.将一半慕斯酱倒入做好蛋糕底的心形模具中，用三角铁板抹匀，放上另一块蛋糕，再倒慕斯酱，抹平。4.放入冰箱冷藏2小时后取出脱模，用裱花袋将黑巧克力液淋在蛋糕上，摆上巧克力片。

新手注意 应尽量擦干提子表层的水分再放入蛋糕中，这样可使蛋糕保存更久。

草莓果酱慕斯蛋糕

工具 6寸慕斯圈、保鲜膜、托盘、抹刀、火枪、刷子

材料*3人份 草莓果酱125克，蛋黄15克，鲜奶75毫升，细砂糖15克，吉利丁片1片，打发淡奶油125克，樱桃酒5毫升，原味戚风蛋糕1个，水果、巧克力配件、透明果胶各适量

做法 1.锅中放入蛋黄、细砂糖拌匀，加入鲜奶拌匀，再隔热水搅拌、煮至浓稠。2.将吉利丁片、草莓果酱加入步骤1中拌至溶化，再分次加到打发的淡奶油中搅拌均匀，再加入樱桃酒，拌匀成蛋糕浆。3.取6寸慕斯圈印一片原味戚风蛋糕，将6寸慕斯圈用保鲜膜封好，放在托盘上，将步骤2倒入，并用抹刀抹平，再用保鲜膜封住，放入冰箱冷冻2小时。4.用火枪喷射模具周围，将慕斯蛋糕脱模，在慕斯表面摆上水果、巧克力配件装饰，再刷上透明果胶即可。

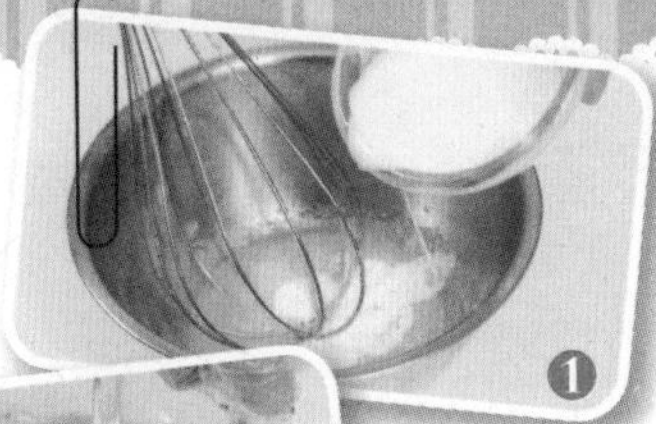

新手注意 在溶化吉利丁片时，应该先将吉利丁片泡软，再将泡软的吉利丁片隔水溶化。

柳橙慕斯蛋糕

工具 6寸慕斯圈、蛋糕刀、保鲜膜、托盘、抹刀

材料*2人份 打发淡奶油165克，细砂糖35克，浓缩橙汁15克，柳橙屑20克，牛奶65毫升，吉利丁片1片，君度酒5毫升，香橙果膏、橙片、巧克力圈、干果、巧克力棒、巧克力旋条各适量，原味戚风蛋糕1个

做法 1.将细砂糖、柳橙屑和牛奶一起加热后放凉，加吉利丁片、浓缩橙汁拌匀。2.加入淡奶油、君度酒拌成慕斯馅。3.将原味戚风蛋糕用蛋糕刀切成薄片，取6寸慕斯圈印一片原味戚风蛋糕片，将慕斯圈用保鲜膜封好底部，放入蛋糕片，再放在托盘上，将慕斯馅倒入，用抹刀抹平，放入冰箱冷冻至凝固，将冻好的慕斯蛋糕表面抹上香橙果膏，脱模。4.在慕斯蛋糕表面放上巧克力圈和橙片装饰，再放上巧克力旋条、巧克力棒和干果即可。

1

2

3

4

新手注意 吉利丁片要先用冰水泡软，再吸干水分后备用；鲜奶油怕热，若倒入热的液体，其会很快化掉。

抹茶慕斯

工具 20 厘米慕斯圈、搅拌器、蛋糕刀、抹刀、保鲜膜

材料*2人份 牛奶80毫升，抹茶粉5克，蛋黄28克，细砂糖38克，吉利丁片5克，打发淡奶油100克，炼奶75克，红豆75克，新鲜水果、透明果胶、巧克力配件各适量，原味戚风蛋糕1个

做法 1.将蛋黄、细砂糖、2克抹茶粉、牛奶放入盘中拌匀，再隔热水快速搅拌煮至浓稠。2.加入吉利丁片、炼奶、淡奶油，拌匀。3.加入熟红豆拌匀制成慕斯馅料。4.用蛋糕刀将戚风蛋糕平切成薄片，用20厘米慕斯圈印一片原味戚风蛋糕片备用。5.用保鲜膜将慕斯圈底包好，放入蛋糕片，倒入慕斯馅，用抹刀抹平，放入冰箱冷冻凝固。3克抹茶粉与少许水调匀成抹茶酱。在冻好的慕斯表面抹好透明果胶，再抹上抹茶酱。6.慕斯蛋糕脱模后在表面摆上新鲜水果及巧克力配件，最后刷上透明果胶即可。

新手注意 做好的慕斯蛋糕要冷藏4小时后才能脱模。

蓝莓慕斯

工具 6寸慕斯圈、搅拌器、蛋糕刀、保鲜膜、长柄刮板、火枪

材料*2人份 蓝莓果酱113克，蛋黄15克，细砂糖18克，牛奶63毫升，吉利丁片1片，打发淡奶油125克，柠檬汁4毫升，君度酒5毫升，原味戚风蛋糕1个，水果、白巧克力片、巧克力配件各适量

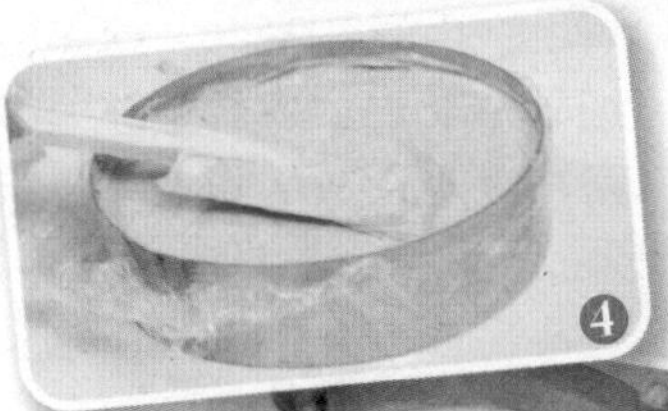

做法 1.蛋黄、细砂糖、牛奶放入盘中，再隔热水用搅拌器快速搅拌，煮至浓稠，加入用清水泡软的吉利丁片，拌至溶化。2.加入蓝莓果酱，再分次加入打发的淡奶油，拌匀；加入柠檬汁，拌匀，再加入君度酒，拌匀。3.用蛋糕刀将原味戚风蛋糕平切成薄片，用6寸慕斯圈印一片原味戚风蛋糕体。4.用保鲜膜将慕斯圈底封好，放上蛋糕片，倒入慕斯馅，用长柄刮板抹平，再用保鲜膜封好，冻至凝固。5.用火枪加热慕斯圈边缘脱模，在慕斯蛋糕坯的侧面贴上白巧克力片。6.在慕斯蛋糕表面摆上水果、巧克力配件等装饰即可。

新手注意 用适量的蓝莓果泥代替蓝莓果酱，味道会更好。

香橙玉桂慕斯蛋糕

工具 筛网、裱花袋、保鲜膜、模具、刷子、蛋糕刀

材料*2人份 牛奶150毫升，肉桂棒2根，橙皮1个，细砂糖50克，蛋黄50克，吉利丁片1片，打发淡奶油150克，君度酒5毫升，水果、透明果胶、香橙果胶、巧克力圈、巧克力配件各适量，原味戚风蛋糕1个

做法 1.牛奶、肉桂棒、橙皮一起煮沸，关火焖10分钟后再过筛取出肉桂棒和橙皮。2.将蛋黄、细砂糖拌匀，放入步骤1拌匀，再隔水煮至浓稠，加入泡软的吉利丁片拌至溶化，再分次加入打发的淡奶油拌匀，加入君度酒拌匀，装入裱花袋备用。3.用蛋糕刀将原味戚风蛋糕切成薄片，用模具压出圆形，放入模具内，将步骤2中的慕斯馅挤入模具内抹平，冻至凝固，抹上香橙果胶后脱模。4.在慕斯表面摆上水果和巧克力配件并刷上透明果胶，在侧边贴上巧克力圈即可。

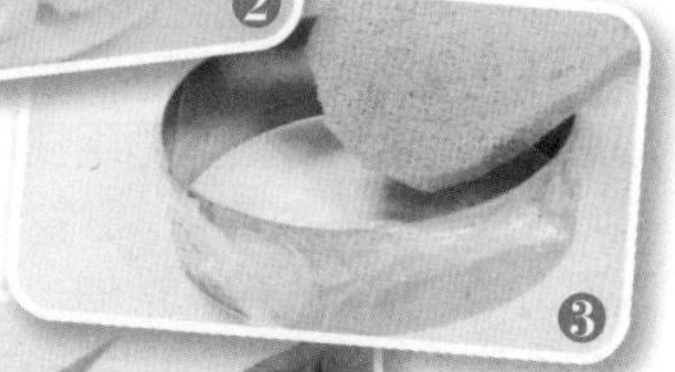

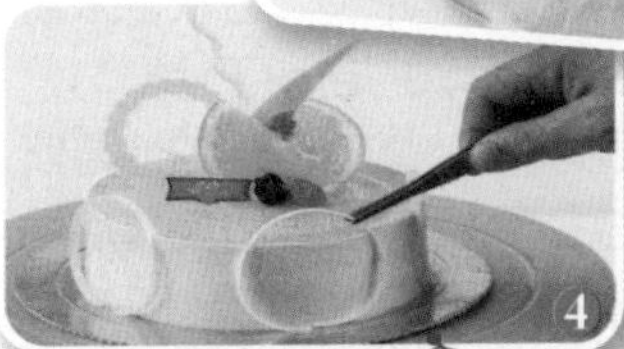

新手注意 橙皮和肉桂相结合，能够让蛋糕的味道更加浓郁；吉利丁片可用吉利丁粉来代替，凝固效果也相当不错。

咖啡慕斯蛋糕

工具 搅拌器、裱花袋、模具、保鲜膜、刷子、抹刀

材料*2人份 蛋黄35克，细砂糖65克，乳酪125克，吉利丁片1片，打发淡奶油125克，咖啡酒8毫升，咖啡粉5克，水50毫升，原味蛋糕体1个，手指饼、可可粉、巧克力配件各适量

做法 1.将咖啡粉、细砂糖、水拌匀煮沸，冷却后加咖啡酒用搅拌器拌匀成咖啡糖浆；将乳酪溶化。2.将细砂糖水冲入蛋黄中，拌至发白、浓稠，分次倒入溶化的乳酪中，加入泡软的吉利丁片拌匀，分次加入打发淡奶油、咖啡酒拌匀成慕斯酱，装入裱花袋。3.用保鲜膜将模具底封好，将蛋糕体切成薄片，用模具印一片蛋糕体，放入模具内，挤入一半慕斯馅，放入刷有咖啡糖浆的手指饼，挤入剩余慕斯馅抹平。4.放入冰箱冷冻至凝固脱模，在慕斯表面筛上可可粉，放上巧克力配件即可。

新手注意 手指饼也可用原味海绵蛋糕代替；蛋黄糊与淡奶油一定要凉后再混合，因为淡奶油遇热会化掉。

戚风蛋糕

在你累的时候，从背包里取出一块戚风蛋糕，轻轻地咬上一口，那绵软的口感，尽在不言中，给疲惫的你送上一份温暖。再淋上各种酱汁，或与醇香的巧克力、新鲜的水果搭配，将更加美味可口，余味袅袅……

核桃戚风蛋糕

工具 筛网、搅拌器、长柄刮板、模具、烤箱

材料*2人份 鸡蛋2个，枫糖浆30克，细砂糖25克，葡萄籽油20克，水30毫升，低筋面粉50克，泡打粉3克，盐少许，核桃30克

做法 1.将低筋面粉和盐过筛2~3次备用；核桃切小块；搅拌碗里加入分离好的蛋白，用搅拌器打好后，加入一半细砂糖拌匀，把泡打到能很好地黏住搅拌器为止。2.蛋黄加剩余的糖拌至变灰，倒入枫糖浆、葡萄籽油、水拌匀。3.再加入过筛的低筋面粉、泡打粉、盐、核桃、1/3蛋白，用长柄刮板拌匀。4.将面糊装入模具，放到预热至170℃的烤箱里，烤35分钟后脱模。

1

2

3

4

新手注意 在制作蛋糕的过程中，打发好的蛋白要放到冷藏室里冷藏，而蛋黄则要放到室温下储存。

巧克力戚风蛋糕

工具 筛网、电动搅拌器、蛋糕模、烤箱

材料*2人份 色拉油、可可粉、蛋黄、鲜奶、低筋面粉、小苏打粉、蛋白、柠檬汁、盐、细砂糖各适量

做法 1.将色拉油加热至滚烫，加可可粉拌匀，用隔水加热的方式将蛋黄、细砂糖、鲜奶、盐拌匀，煮至细砂糖溶解，待凉，加拌好可可粉的色拉油及用筛网过筛好的低筋面粉和小苏打粉拌匀，制成面糊。2.将蛋白放入钢盆中，用电动搅拌器打至起泡，加入柠檬汁，分2次加入细砂糖，继续打至八分发，制成蛋白糊。3.将蛋白糊分次加入做好的面糊中，拌匀，再装入蛋糕模内至八分满，放入烤箱中，调上火180℃、下火170℃，烤20分钟即可取出，待冷却后脱模即可食用。

新手注意 不能使用防粘的蛋糕模，也不能在模具周围涂油，因戚风蛋糕需攀附模壁向上膨胀，否则蛋糕会干瘪。

杏仁戚风蛋糕

工具 电动搅拌器、烘焙纸、抹刀、蛋糕刀、烤箱

材料*4人份 清水100毫升，色拉油85毫升，低筋面粉162克，玉米淀粉25克，奶香粉2克，蛋黄125克，蛋白325克，塔塔粉4克，细砂糖188克，杏仁片、柠檬果膏各适量

做法 1.把清水、色拉油、低筋面粉、玉米淀粉、奶香粉、蛋黄拌成面糊。2.把蛋白、细砂糖、塔塔粉混合，用电动搅拌器打至鸡尾状，分次加入步骤1的面糊中拌匀。3.将面糊倒在有烘焙纸的烤盘上，用抹刀抹匀后撒上杏仁片。4.放入烤箱，调成上下温度为170℃，烤30分钟至熟。5.凉透后取走烘焙纸。6.在表面抹上柠檬果膏，卷起，静置30分钟以上，用蛋糕刀切成小块即可。

新手注意 杏仁易着色，要掌控好炉温；制作戚风蛋糕不能使用黄油，因为只有植物油才能做出质地柔软的戚风蛋糕。

红豆戚风蛋糕

工具 电动搅拌器、搅拌器、筛网、蛋糕刀、烘焙纸、刷子、烤箱

材料*3人份 植物鲜奶油、红豆粒、透明果胶、椰丝各适量，蛋黄75克，清水70毫升，细砂糖125克，低筋面粉70克，玉米淀粉55克，泡打粉2克，色拉油55毫升，蛋白175克，塔塔粉3克

做法 1.将蛋黄、色拉油倒入碗中，用搅拌器拌匀，将过筛好的低筋面粉、玉米淀粉、泡打粉与清水、28克细砂糖加入碗中拌匀；将蛋白、97克细砂糖、塔塔粉入碗，用电动搅拌器打发至鸡尾状；再将二者混合，制成面糊。2.将烤盘垫上烘焙纸，撒上红豆，再倒入面糊，入上火180℃、下火160℃的烤箱，烤20分钟至熟。3.取出并刷上植物鲜奶油，卷成蛋卷，用蛋糕刀切段，再刷上透明果胶，粘上椰丝即可。

新手注意 卷好的蛋卷可以轻轻地压一下，以免蛋卷散开。

原味戚风蛋糕

工具 长柄刮板、筛网、电动搅拌器、模具、小刀、烘焙纸、烤箱

材料*3人份 蛋黄60克，低筋面粉70克，玉米淀粉55克，泡打粉5克，清水70毫升，色拉油55毫升，细砂糖125克，蛋白120克

做法 1.用筛网将低筋面粉、玉米淀粉、2克泡打粉过筛至装有蛋黄的玻璃碗中，加清水、色拉油、28克细砂糖用电动搅拌器打发；将蛋白、97克细砂糖、3克泡打粉，打发至鸡尾状，与步骤1的材料二者混匀，制成面糊。2.用长柄刮板将面糊倒入模具中，放入烤箱，调上火180℃、下火160℃，烤25分钟。3.取出烤盘，在操作台上铺一张烘焙纸，用小刀沿着模具边缘刮一圈，再倒在烘焙纸上，去除模具的底部即可。

新手注意 将牙签从蛋糕中心插下去，如果牙签干净，说明蛋糕已熟。

可可戚风蛋糕

工具 电动搅拌器、搅拌器、三角铁板、蛋糕刀、烘焙纸、烤箱

材料*3人份 打发的鲜奶油40克，细砂糖125克，蛋白105克，塔塔粉2克，蛋黄45克，色拉油30毫升，低筋面粉60克，玉米淀粉50克，泡打粉2克，清水30毫升，可可粉15克

做法 1.将清水、30克细砂糖、低筋面粉、玉米淀粉用搅拌器搅拌匀，倒入色拉油、塔塔粉、可可粉、蛋黄拌成糊状；将蛋白、95克细砂糖、泡打粉倒入容器中，快速打发至鸡尾状，再将两部分材料用长柄刮板混合均匀成蛋糕浆。2.把蛋糕浆倒入烤盘，入上火180℃、下火160℃的烤箱，烤20分钟至熟。3.去除烘焙纸，用三角铁板抹上鲜奶油，把蛋糕卷成圆筒状用刀切段，装盘即可。

新手注意 蛋糊中加入粉类搅拌时要用慢速，否则易起筋和消泡。

巧克力蛋糕

工具 搅拌器、圆形模具、圆形花嘴、裱花袋、奶锅、烤箱

材料*1人份 黑巧克力65克，黄油35克，生奶油50克，蛋黄60克，细砂糖40克，可可粉20克，低筋面粉15克，焦糖奶油30克，核桃4颗，装饰用的生奶油适量，冷的蛋白50克，可食用银珠子少许

做法 1.往奶锅里加生奶油和黄油煮开后，加黑巧克力，用搅拌器搅拌均匀至黑巧克力溶化；把冷的蛋白装到碗里，加20克细砂糖打发，做成厚实的蛋白。2.蛋黄加20克细砂糖拌至灰色，倒入溶化的黑巧克力、低筋面粉和可可粉拌匀。3.把蛋白分3次倒入蛋黄中拌成面团，装入模具内，放入核桃、焦糖奶油。4.放入预热到160℃～170℃的烤箱烤30分钟，取出；将装饰用的生奶油装入有花嘴的裱花袋中，在蛋糕表面挤上圆球状的奶油，撒上银珠子装饰。

新手注意 不一定用圆形模具，用松饼模具或方形纸模烘焙后，在上面撒上糖粉作装饰也是很漂亮的。

迷你蛋糕

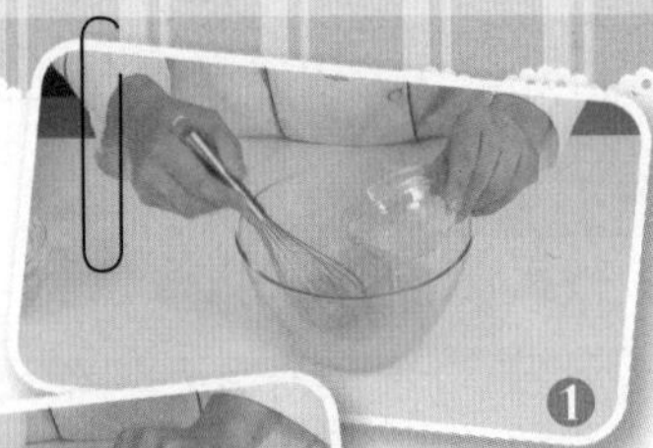

工具 搅拌器、电动搅拌器、长柄刮板、裱花袋、剪刀、蛋糕纸杯、烤箱

材料*3人份 蛋白140克，塔塔粉3克，细砂糖140克，低筋面粉70克，玉米淀粉55克，蛋黄60克，色拉油55毫升，水20毫升，泡打粉2克

做法 1.将蛋黄、30克细砂糖、色拉油、水、玉米淀粉、低筋面粉、泡打粉倒入容器中，用搅拌器搅成糊状。2.用电动搅拌器将蛋白打发至白色，分两次倒入110克细砂糖、塔塔粉，继续打发至呈鸡尾状。3.用长柄刮板将部分蛋白加入蛋黄部分中，拌匀后再倒入剩余的蛋白部分中，再次拌匀后装入裱花袋中，用剪刀剪出小口，挤入蛋糕纸杯中，至六分满。4.烤箱温度调成上下火160℃，把纸杯蛋糕放入烤盘送入烤箱，烤10分钟至熟，取出烤盘，放凉后装入盘中即可。

新手注意 将材料挤入蛋糕纸杯时，材料不要挤得太满，一般挤五分满即可，以免影响成品美观。

芬妮蛋糕

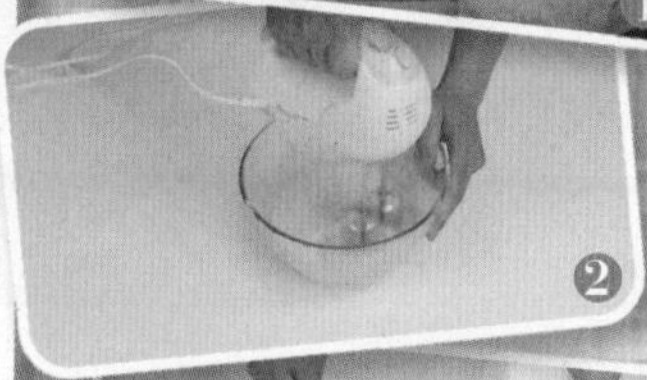

工具 电动搅拌器、烘焙纸、裱花袋、剪刀、烤箱

材料*3人份 黄油160克，细砂糖110克，牛奶45毫升，鸡蛋4个，蛋黄40克，奶粉75克，低筋面粉180克，蛋糕油5克，糖粉60克，蛋白50克

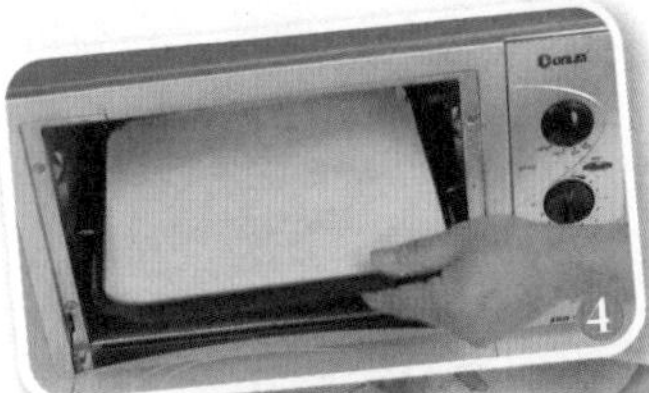

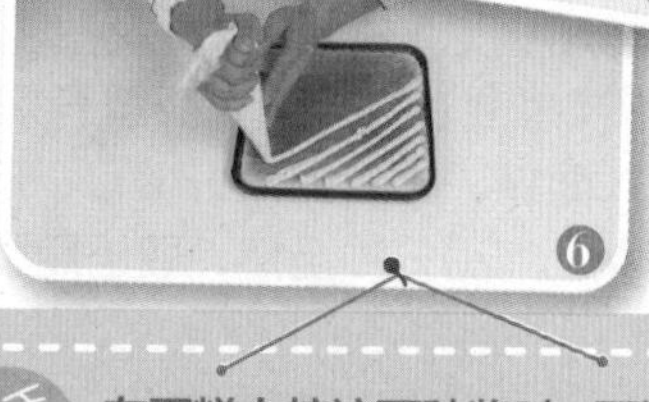

做法 1.将牛奶与80克黄油隔水加热至溶化备用。2.将鸡蛋、20克蛋黄、细砂糖、100克低筋面粉、45克奶粉、蛋糕油混匀，用电动搅拌器拌匀，加入溶化的黄油与牛奶的混合物，并快速拌匀，制成面糊。3.将面糊倒入垫有烘焙纸的烤盘中，抹平。4.放入上下火160℃的烤箱，烤20分钟至熟。5.将80克黄油、糖粉、蛋白、30克奶粉、80克低筋面粉倒入容器中，拌匀，制成浆，装入裱花袋中。6.将20克蛋黄拌匀成浆，装入另一裱花袋中，用剪刀剪出小口；用分别装有两种浆的裱花袋在蛋糕上画出井字花纹，放入上下火160℃的烤箱，烤5分钟，取出切块即可。

新手注意 在蛋糕上挤这两种浆时，要间隔着挤，这样更美观。

金丝蛋糕

工具 搅拌器、筛网、电动搅拌器、长柄刮板、烘焙纸、蛋糕刀、烤箱

材料*4人份 清水20毫升，色拉油65毫升，细砂糖190克，低筋面粉130克，玉米淀粉55克，泡打粉2克，蛋黄75克，抹茶粉15克，塔塔粉3克，蛋白175克，牛奶250毫升，鸡蛋2个

做法 1.将清水、28克细砂糖、55毫升色拉油倒入容器中用搅拌器拌匀，加入过筛好的70克低筋面粉、抹茶粉、玉米淀粉、泡打粉、蛋黄，拌匀至糊状。2.将蛋白倒入容器中加入细砂糖100克、塔塔粉，用电动搅拌器搅拌至鸡尾状。3.用长柄刮板将步骤1面糊、步骤2蛋糕浆混合拌匀。4.在垫有烘焙纸的烤盘上倒入面糊，放入上火180℃、下火160℃的烤箱中，烤20分钟至熟，取出用蛋糕刀切成四份。5.用筛网将低筋面粉60克过筛到容器中，倒入牛奶、10毫升色拉油、62克细砂糖、2个鸡蛋拌匀，制成金丝酱备用。6.用金丝酱煎的金丝皮包裹住蛋糕即可。

新手注意 煎制金丝皮时，火候要控制好，不宜用大火，以免煎煳。

黑玛丽巧克力蛋糕

工具 电动搅拌器、长柄刮板、模具、烤箱

材料*3人份 黄油100克，细砂糖150克，热水50毫升，可可粉18克，鲜奶油65克，低筋面粉95克，食粉2克，香草粉2克，蛋黄1个，蛋白40克，糖粉适量

做法 1.将130克细砂糖、黄油、热水、可可粉用电动搅拌器搅匀，加入鲜奶油拌匀，加入食粉、香草粉、低筋面粉、蛋黄，用长柄刮板拌匀成蛋黄糊。2.将蛋白、20克细砂糖倒入另一个碗中，用电动搅拌器快速打发成鸡尾状，倒入蛋黄糊中，拌成蛋糕浆。3.将蛋糕浆装入模具中至六分满，放入烤盘中。4.将烤盘放入烤箱，调上下火170℃，烤30分钟至熟。5.取出脱模后，再撒上糖粉即可。

新手注意 **成功的戚风蛋糕外形完整不回缩，但轻微开裂或回缩并不是问题，松软细腻的口感比外形更加重要。**

咖啡蛋糕

工具 搅拌器、电动搅拌器、模具、烤箱

材料*2人份 蛋黄、蛋糕粉、泡打粉、蛋白、牛奶、水、塔塔粉、咖啡粉、忌廉、水果、盐、细砂糖、打发鲜奶油、巧克力片各适量

做法 1.将蛋黄和细砂糖装入容器中用搅拌器搅拌至白色，加水搅匀，加蛋糕粉、咖啡粉、牛奶、泡打粉充分搅匀，再加油拌匀成蛋黄糊。2.将蛋白和30克细砂糖、塔塔粉、盐用电动搅拌器快速打发，倒入拌好的蛋黄糊拌匀后，装入模具内放入烤箱烤30分钟，取出冷却。3.将冷却的蛋糕去面皮、底皮后，从中间切开底表，放入忌廉和水果，再放上一层蛋糕坯，表面抹上打发鲜奶油，放上水果、巧克力片作装饰即可。

新手注意 **将蛋黄糊放入打发好的蛋白中的时候，一定不能顺着搅拌，而应该像炒菜一样，从下往上搅拌。**

柠檬小蛋糕

工具 刀、搅拌器、电动搅拌器、长柄刮板、模具、烤箱

材料*2人份 蛋黄70克，奶油80克，鲜奶40毫升，柠檬1个，面粉、蛋白、柠檬巧克力、细砂糖各适量

做法 1.将柠檬皮用刀切成细丝，果肉压汁；柠檬巧克力切碎溶化成浆待用。2.用搅拌器将蛋黄和细砂糖打发至发白，加入奶油、鲜奶、面粉拌成面糊。3.蛋白放盆中用电动搅拌器打至起泡，加柠檬汁、细砂糖，打发至鸡尾状；将蛋白糊分2次加入拌好的面糊中并用长柄刮板拌匀，第2次时加入柠檬皮一起拌匀，制成蛋糕浆，将拌好的蛋糕浆倒入模具中至八分满。4.模具放入烤箱中，调上下火170℃，烤15分钟，取出放凉后脱模，抹上溶化的柠檬巧克力即可。

新手注意 蛋糕膨松是因为蛋白发泡的作用，蛋白在发泡中形成的具有一定硬度的泡沫结构，使蛋糕的品质与口感更佳。

芝士蛋糕

有着简约外形、带着浓浓香味的芝士蛋糕，是一款经典的糕点。其通常以饼干作为底层，表层加上奶油、水果酱，或以新鲜的水果作为装饰，整体来看，感觉不像一般的蛋糕，反而像派的一种，既漂亮又美味。

奶油芝士蛋糕

工具 擦菜板、长柄刮板、蛋糕模具、裱花袋、剪刀、烤箱

材料*3人份 芝士、黄油各60克，鸡蛋2个，细砂糖65克，低筋面粉150克，泡打粉2克，盐少许，柠檬皮1个，柠檬汁10毫升，奶油芝士10克，糖粉30克

做法 1.用擦菜板磨下柠檬皮，柠檬果肉榨汁；奶油芝士和黄油打散，再加细砂糖搅匀，制成糖衣。2.将鸡蛋液、柠檬皮、5毫升柠檬汁、低筋面粉、泡打粉、盐一起用长柄刮板拌匀成面糊。3.装入模具内，用长柄刮板在中间扫出一个凹槽，再放到预热至170℃的烤箱里，烤40分钟。4.用奶油芝士加5毫升柠檬汁、糖粉做成糖衣，趁烤好的蛋糕还是温的时，把做好的糖衣倒入裱花袋里，用剪刀剪出小口，均匀地挤在蛋糕表面上即可。

①

②

③

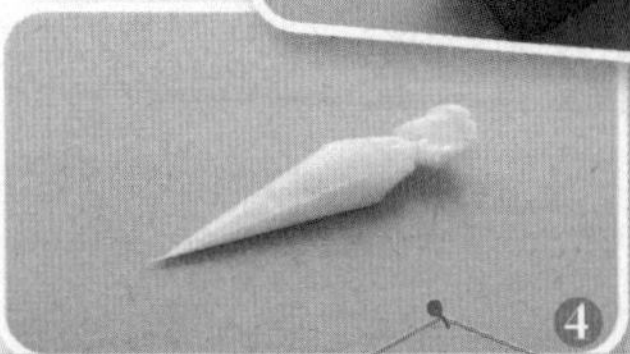
④

新手注意 制作蛋糕之前，应事先把奶油芝士、黄油和鸡蛋放到室温下；低筋面粉、泡打粉、盐则需过筛。

红莓芝士蛋糕

工具 模具、搅拌器、烤箱

材料*3人份 饼干60克，黄油15克，牛奶5毫升，芝士200克，鸡蛋2个，生奶油140克，酸奶油100克，香草提取物少许，细砂糖55克，红莓酱80克，玉米淀粉2大匙

做法 1.把饼干、黄油、牛奶用搅拌器搅匀成浆。2.把搅拌好的浆盛入模具内并压实。3.把溶化的芝士放到搅拌碗里，用搅拌器打散，加入细砂糖、酸奶油、鸡蛋、香草提取物、玉米淀粉、生奶油拌匀，制成面团。4.把1/2的面团装到铺上了饼干的模具里，浇上红莓酱，再把剩下的面团盖上去。5.放入预热到170℃的烤箱中，烘烤60分钟左右就完成了。

新手注意 **若没有香草提取物，则可以用香草油或香草粉来代替。**

冻芝士蛋糕

工具 保鲜袋、木棍、模具、电动搅拌器、裱花袋、剪刀

材料*3人份 芝士250克，糖粉60克，黄油40克，饼干80克，吉利丁片2片，牛奶100毫升，植物鲜奶油150毫升，草莓果酱、黑巧克力液、圣女果各适量

做法 1.将黄油隔水溶化，将饼干装入保鲜袋用木棍碾成末。2.将黄油倒入饼干粉末中拌匀，再一起倒入模具内。3.将吉利丁片加牛奶拌匀。4.将芝士、糖粉、植物鲜奶油、牛奶倒入容器中，用电动搅拌器拌匀成芝士浆。5.将芝士浆倒入模具中，冷藏4小时后脱模装盘。6.将草莓果酱倒在蛋糕上，用抹刀抹匀，黑巧克力液装入裱花袋中，用剪刀剪出小口，在蛋糕一角画上花纹，蛋糕中间放上圣女果装饰即可。

新手注意 **制作冻芝士蛋糕不宜使用低脂或脱脂的芝士，使用低脂或脱脂的芝士可能会造成蛋糕不能固定。**

大理石冻芝士蛋糕

工具 保鲜袋、木棍、模具、电动搅拌器、筷子

材料*3人份 芝士250克，糖粉60克，黄油40克，饼干80克，吉利丁片2片，牛奶100毫升，植物鲜奶油150毫升，巧克力果膏适量

做法 1.将黄油隔水溶化，饼干装入保鲜袋，用木棍碾压成末后装碗，倒入溶化的黄油，搅拌均匀。2.拌匀的黄油饼干末倒入模具中，铺平并按压紧实。3.吉利丁片放入牛奶中泡软化。4.将芝士、糖粉、植物鲜奶油、牛奶倒入容器中，用电动搅拌器拌匀成芝士浆。5.将芝士浆倒入模具中，抹平，倒巧克力果膏，并用筷子画一些花纹，放入冰箱冷藏4小时至成形。6.从冰箱中取出，脱模后将蛋糕装盘即可。

新手注意 芝士蛋糕需放在冰箱里冷藏几个小时来固定形状。

布朗尼蛋糕

工具 模具、电动搅拌器、长柄刮板、蛋糕刀、白纸、烤箱

材料*2人份 黄油液50克，黑巧克力液50克，细砂糖50克，鸡蛋2个，酸奶80毫升，中筋面粉50克，细砂糖40克，芝士210克

做法 1.将黑巧克力液、黄油液、细砂糖、中筋面粉、1个鸡蛋、20毫升酸奶用长柄刮板拌匀，制成布朗尼浆，装入模具抹平，入烤箱以180℃烤18分钟。2.将细砂糖、1个鸡蛋、芝士、60毫升酸奶用电动搅拌器打发匀，制成芝士浆。3.取出模具，倒入芝士浆；将模具放入烤箱，以上下火160℃烤30分钟。4.再取出模具，放在铺有白纸的操作台上，去掉模具底部。5.用蛋糕刀把烤好的蛋糕切成小块，装盘即可。

新手注意 制作芝士浆时，最好一边倒酸奶一边打发，这样可以使浆液更浓稠。

地瓜芝士蛋糕

工具 保鲜袋、烘焙纸、模具、搅拌器、烤箱

材料*2人份 谷物曲奇60克，黄油15克，牛奶5毫升，芝士200克，地瓜150克，鸡蛋1个，蛋黄15克，黄糖50克，生奶油70克，玉米淀粉1大匙，香草粉少许

做法 1.把谷物曲奇装保鲜袋碾碎，加黄油和牛奶用搅拌器搅匀后，盛入模具内。2.把芝士放到室温下软化，再加黄糖搅拌均匀；倒入煮熟的地瓜，用搅拌器搅拌均匀；加入鸡蛋和蛋黄、玉米淀粉、香草粉、生奶油搅拌均匀，制成芝士面团。3.把面团装到铺好曲奇的模具里，捶打面团2～3次，待空气排出来后，放到预热至170℃的烤箱里，烘烤35～40分钟。

新手注意 做底座的曲奇用市场上卖的曲奇就行，也可用蛋挞皮来充当底座。

草莓芝士蛋糕

工具 模具、勺子、筛网、电动搅拌器、刷子、烤箱

材料*2人份 草莓糖浆75克，芝士125克，低筋面粉30克，蛋黄45克，柠檬汁5毫升，蛋白95克，细砂糖40克，饼干100克，无盐奶油50克，草莓酱、草莓、薄荷叶、镜面果胶各适量

做法 1.将饼干擀碎后加无盐奶油用勺子拌匀，倒入模具中压平，冷冻至凝固备用。2.将草莓糖浆、芝士隔热水拌至软化，加入过筛的低筋面粉拌匀，再隔水煮，拌至浓稠；将蛋黄分次加入并拌匀，加入柠檬汁，拌匀。3.将蛋白加细砂糖用电动搅拌器拌至鸡尾状后分次加入步骤2的材料中，然后倒入模具中挤上草莓酱，隔水以200℃烤上色，再降温至140℃烤60分钟。4.出炉后，冷冻2小时脱模，刷上镜面果胶，再摆上草莓、薄荷叶。

新手注意 草莓酱不宜过量，否则易沉入面糊内；加入过筛的低筋面粉时要边加入边搅拌，防止面粉结块。

樱桃芝士蛋糕

工具 保鲜袋、木棍、模具、电动搅拌器、搅拌器、刷子、烤箱

材料*3人份 芝士200克，细砂糖70克，酸奶50克，柠檬汁20克，蛋白30克，牛奶80毫升，饼干100克，牛油50克，黑樱桃、果仁、透明果胶各适量

做法 1.将饼干装进保鲜袋用木棍碾碎，加入溶化的牛油用搅拌器拌匀，倒入模具中压平，冷冻至凝固。2.将细砂糖加入芝士中用搅拌器拌至糖溶化，加入酸奶、牛奶、柠檬汁拌匀。3.蛋白用电动搅拌器打出粗泡后分次加入细砂糖，打至四成发、可流状，倒入步骤2中拌匀后，再倒入模具内至八分满，入烤箱以200℃隔水烤10分钟，表面放上樱桃粒，再入烤箱烤上色，降至140℃烤至熟出炉。4.蛋糕冷却后，放入冰箱冻2小时后脱模，用刷子刷上透明果胶，摆上果仁，插上纸牌作装饰即可。

①

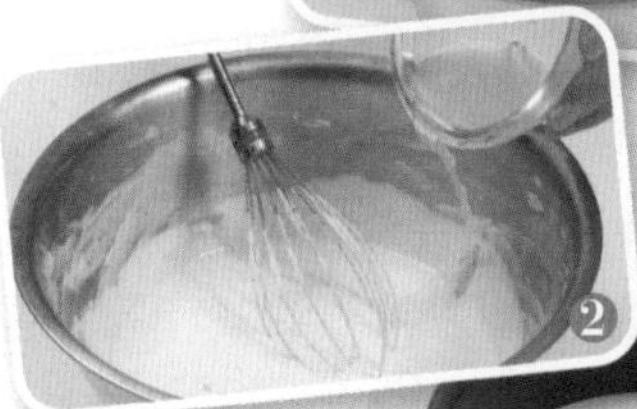
②

③

④

新手注意 樱桃不应该在焙烤开始时加入，否则容易沉入蛋糕中，可在蛋糕烤10分钟左右再放入。

蓝莓芝士蛋糕

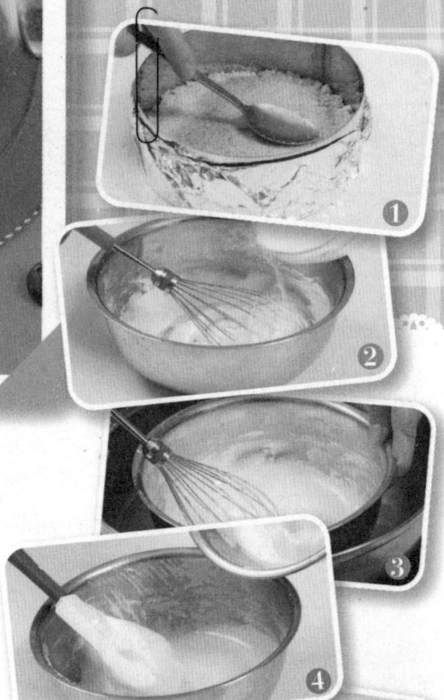

工具 保鲜袋、模具、木棍、搅拌器、电动搅拌器、刷子、烤箱

材料*3人份 饼干100克，牛油50克，芝士125克，蛋黄25克，牛奶50克，低筋面粉10克，蛋白55克，细砂糖20克，蓝莓果酱25克，蓝莓、果仁、透明果膏各适量

做法 1.将饼干装入保鲜袋用木棍碾碎，加溶化好的牛油拌匀，倒入模具中压平，放入冰箱冻凝固后备用。2.将芝士隔热水拌至软化，加入牛奶用搅拌器拌匀。3.将低筋面粉加入步骤2中拌匀，隔水煮至浓稠后离水，再加入蛋黄拌匀。4.将蛋白和细砂糖用电动搅拌器打至软鸡尾状，分次加入前面制作好的材料中，然后加入蓝莓果酱拌匀。5.倒入模具内，以200℃隔水烤至上色后，降温至140℃烤60分钟后取出冷却。 6.蛋糕放入冰箱冷冻2个小时后脱模，表面用刷子刷上透明果膏，放上蓝莓及果仁，插上纸牌即可。

新手注意 蓝莓果酱可用蓝莓果粒代替，撒在表面或底部均可。

大理石蛋糕

工具 搅拌器、筛网、长柄刮板、慕斯模具、锡纸、烤箱

材料*2人份 芝士150克，鸡蛋1个，生奶油100克，香草粉少许，细砂糖20克，低筋面粉30克，黑巧克力100克，蛋黄15克，蛋白35克

做法 1.将蛋白打散后，加15克细砂糖用搅拌器将其做成蛋白甜饼。2.把提前放到室温下的芝士用另一个搅拌碗装好，打散之后，加5克细砂糖拌匀，再打入鸡蛋拌匀。3.加入生奶油、香草粉、过筛的低筋面粉、1/2蛋白甜饼，拌匀成原味面团。4.黑巧克力溶化后加蛋黄，把剩下的蛋白甜饼和生奶油倒到巧克力里，拌匀成巧克力面团。5.把巧克力面团慢慢倒到原味面团里，用长柄刮板搅拌几下，做成大理石的样子。6.把大理石面团盛到用锡纸包好的慕斯模具里，再放入预热到170℃的烤箱里，烘烤35～40分钟，冷却后脱模，切成适当的大小。

新手注意 生奶油、奶油芝士和鸡蛋都应该提前放到室温下。

抹茶芝士棒

工具 搅拌机、微波炉、方形模具、搅拌器、筛网、烤箱

材料*3人份 曲奇60克，黄油15克，牛奶5毫升，芝士150克，鸡蛋1个，细砂糖35克，柠檬汁5毫升，抹茶粉3克，低筋面粉10克，熟红豆20克，生奶油20克

做法 1.用搅拌机把曲奇磨好，把黄油和牛奶放微波炉里加热一下，再倒入曲奇里搅匀。2.将拌匀后的曲奇装进模具并压平。3.把芝士用搅拌器打散，加细砂糖、鸡蛋拌匀，加柠檬汁搅匀，加过了筛的低筋面粉和抹茶粉搅匀，再加入生奶油，拌匀成芝士面团。4.曲奇上放熟红豆，铺上芝士面团，放入预热到170℃的烤箱里，烘烤30分钟。5.取出后，脱模切块即可。

新手注意 红豆比较难煮熟，为了节约时间，可以在煮之前先用水浸泡。

冷冻榴莲芝士蛋糕

工具 保鲜袋、木棍、搅拌器、模具

材料*2人份 饼干100克，黄油50克，芝士75克，牛奶100克，蛋黄25克，细砂糖32克，榴莲肉泥125克，淡奶油125克，吉利丁片4克，君度酒5克，水果、巧克力配件各适量

做法 1.将饼干装入保鲜袋用木棍碾碎，加溶化的黄油拌匀，倒入模具中压平再冻凝固。2.将蛋黄、细砂糖、牛奶用搅拌器拌匀，加入泡软的吉利丁片并拌匀。3.将步骤2的材料分次加入芝士中，拌匀，降温后再加入榴莲肉泥拌匀。4.再向步骤3的材料中分次加入淡奶油、君度酒拌匀成榴莲慕斯馅。5.将馅料倒入模具内冻至凝固。6.取出脱模，放上巧克力配件和水果即可。

新手注意 应用熟透的榴莲制作，这样蛋糕才香浓滑口。

柠檬芝士蛋糕

工具 保鲜袋、木棍、模具、电动搅拌器、筛网、烤箱

材料*3人份 消化饼干100克，黄油50克，芝士230克，细砂糖45克，玉米淀粉90克，蛋黄40克，君度酒13毫升，柠檬半个，糖粉、马卡龙、柠檬皮屑各适量

做法 1.将饼干装、保鲜袋内用木棍碾碎，加溶化的黄油拌匀，放入模具后冷冻备用。2.将芝士与细砂糖用电动搅拌器打至软化、糖溶，再倒入蛋黄中拌匀，然后加玉米淀粉拌匀。3.将柠檬汁、君度酒和柠檬皮屑加入步骤2中的材料中拌匀成馅。4.将馅料倒入步骤1的模具内，放入烤箱，以180℃的温度烤至表面上色，再降至150℃烤至熟。5.取出冷却后脱模，在边上用筛网筛上糖粉，插上纸片，放上马卡龙作装饰即可。

新手注意 馅料最多注入至九分满，以免烘烤时溢出来，影响美观。

巧克力芝士蛋糕

工具 电动搅拌器、模具、烘焙纸、烤箱

材料*2人份 巧克力65克，黄油35克，生奶油50克，蛋白质60克，细砂糖40克，可可粉20克，低筋面粉15克，焦糖奶油30克，核桃4颗，装饰用生奶油适量，冷的生奶油50克，细砂糖10克，蛋黄40克

做法 1.往奶锅里加生奶油和黄油、巧克力，搅拌均匀至巧克力溶化为止；蛋白装碗，加20克细砂糖用电动搅拌器打发。2.加黄油、细砂糖、蛋黄、步骤1溶化的巧克力、低筋面粉、可可粉、打发的蛋白液拌匀成面团。3.模具里铺上烘焙纸，把步骤2中的面团装到模具一半的位置，放入核桃，再适当地浇一些焦糖奶油。4.放入预热到160～170℃的烤箱中，烤30分钟，冷却后在蛋糕上挤一个圆球状的奶油即可。

新手注意 用松饼模具或方形纸模烘焙，冷却后撒上糖粉装饰物也很漂亮。

蛋糕卷

蛋糕里面裹着香味浓郁的果酱，迎面还会闻到一股香甜的奶油味，诱惑着你的味蕾，让你情不自禁地吃上一口，松松软软的，美味十足。不管是老人还是小孩，上班族还是学生族，都会爱上这种甜滋滋的味道。

可可蛋糕卷

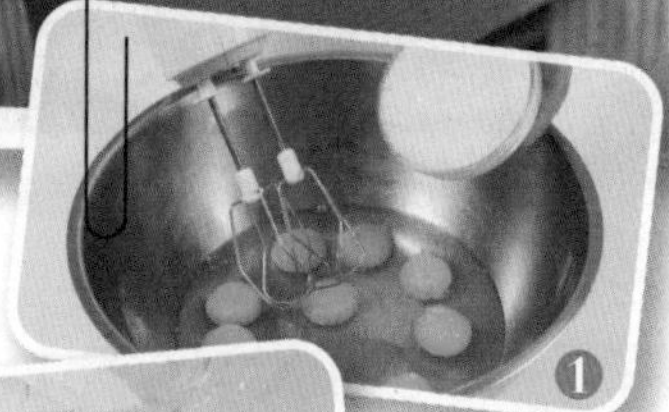

工具 电动搅拌器、烘焙纸、抹刀、烤箱

材料*5人份 鸡蛋10个，细砂糖200克，食盐2克，低筋面粉110克，高筋面粉75克，奶香粉2克，泡打粉2克，蛋糕油23克，清水38毫升，鲜奶38克，色拉油125毫升，可可粉30克，柠檬果膏适量

做法 1.把鸡蛋、细砂糖、食盐倒在一起，用电动搅拌器打至细砂糖完全溶化，加入低筋面粉、高筋面粉、奶香粉、泡打粉、可可粉、蛋糕油，先慢后快打发至原体积的3.5倍。2.分次加入水、鲜奶、色拉油，拌匀倒在铺了烘焙纸的烤盘上，抹均匀。3.入烤箱以160℃温度烤25分钟至熟透。4.用抹刀抹上柠檬果膏，卷起静置后切小件。

新手注意 在制作可可蛋糕卷时，一定要注意控制好温度，因为加入了可可粉的蛋糕一般比较难熟透。

抹茶红豆卷

工具 搅拌器、电动搅拌器、长柄刮板、抹刀、烘焙纸、烤箱

材料*2人份 抹茶粉10克，蛋黄40克，鲜奶25克，色拉油、面粉、泡打粉、蛋白、细砂糖、柠檬汁、蜜红豆粒、打发鲜奶油、细砂糖、盐各适量

做法 1.将蛋黄、细砂糖、盐、鲜奶、色拉油放入盆中用搅拌器拌匀，加抹茶粉和热水，再放面粉和泡打粉拌匀成面糊。2.蛋白加柠檬汁、细砂糖，用电动搅拌器打至发泡。3.将蛋白糊分2次加入面糊中，用长柄刮板拌匀，倒入垫有烘焙纸的烤盘中抹平，入烤箱，调上下火170℃，烤20分钟。4.用抹刀抹上打发鲜奶油，撒上蜜红豆粒，卷成圆柱状，外面包裹烘焙纸，冷冻定型后取出切片。

新手注意 抹茶红豆卷的烤制时间不宜过长，否则在卷起时易断。

抹茶蛋糕卷

工具 搅拌器、电动搅拌器、烘焙纸、木棍、蛋糕刀、烤箱

材料*3人份 抹茶粉10克，玉米淀粉20克，色拉油、酸奶、水各50毫升，蛋黄100克，蛋白150克，塔塔粉3克，低筋面粉60克，细砂糖110克，芝士50克，打发奶油100克，吉利丁片2片

做法 1.将蛋黄、色拉油、低筋面粉、抹茶粉、水、玉米淀粉拌匀成抹茶浆，另取容器，倒入蛋白、85克细砂糖用电动搅拌器打发至起泡，加入塔塔粉，快速打发至鸡尾状，再加入抹茶浆拌匀成蛋糕浆。2.倒在垫有烘焙纸的烤盘上，放入上下火180℃的烤箱中烤15分钟至熟。3.将吉利丁片、酸奶、芝士、25克细砂糖、奶油拌匀成浆。4.取出蛋糕后抹上浆，用木棍卷起，再用刀切段。

新手注意 吉利丁片放入酸奶中泡至溶化的过程中，可以用工具搅拌。

红豆天使蛋糕卷

工具 搅拌器、电动搅拌器、长柄刮板、烘焙纸、木棍、烤箱

材料*3人份 蛋白250克，塔塔粉2克，低筋面粉100克，色拉油50毫升，细砂糖120克，泡打粉3克，红豆粒10克，柠檬汁5毫升，打发鲜奶油20克，水70毫升

做法 1.将色拉油倒入玻璃碗中，加入低筋面粉、水、塔塔粉，用搅拌器拌匀，再放入泡打粉、柠檬汁，拌成面糊。2.蛋白加细砂糖、泡打粉，用电动搅拌器打发至鸡尾状。3.将打发的蛋白倒入面糊碗中，用长柄刮板拌匀。4.烤盘垫上烘焙纸，放入红豆粒、面糊，放入上火180℃、下火150℃烤箱中烤15分钟。5.取出后抹上鲜奶油。6.用木棍把蛋糕卷成圆筒状，切成三等份装盘。

新手注意 天使蛋糕的蛋白打发至湿性发泡即可，过硬则会使其口感过韧。

虎皮蛋糕卷

工具 电动搅拌器、烘焙纸、抹刀、蛋糕刀、木棍、烤箱

材料*2人份 蛋黄260克，细砂糖120克，玉米淀粉80克，打发鲜奶油20克

做法 1.将蛋黄、细砂糖、玉米淀粉装入一个容器内用电动搅拌器打发至浓稠状，制成面糊。2.烤盘垫上烘焙纸再倒入面糊，放入上火180℃、下火150℃的烤箱，烤15分钟至呈金黄色。3.取出烤盘，冷却后将蛋糕翻转过来，撕去烘焙纸。4.用抹刀在蛋糕上均匀地抹上鲜奶油，用木棍将烘焙纸卷起，把蛋糕卷成圆筒状，静置5分钟至成形。5.用蛋糕刀切去蛋糕两边不整齐的部分，再将蛋糕切成四等份，装入盘中即可。

新手注意 **烤炉的温度较高，虎皮蛋糕不要烤太久，以免烤焦。**

彩虹蛋糕卷

工具 搅拌器、电动搅拌器、裱花袋、烘焙纸、烤箱

材料*3人份 鸡蛋4个，哈密瓜色香油、香芋色香油各适量，打发鲜奶油30克，低筋面粉70克，玉米淀粉55克，泡打粉5克，清水70毫升，色拉油55毫升，细砂糖125克

做法 1.将鸡蛋分离成蛋黄、蛋白并分别装入玻璃碗中；再将低筋面粉、玉米淀粉、2克泡打粉、清水、色拉油、28克细砂糖装入蛋黄的碗中，用搅拌器拌匀；将蛋白、97克细砂糖、3克泡打粉用电动搅拌器打发，与步骤1的材料拌匀成面糊。2.面糊分两份，分别加两种色香油制成香面糊。3.将3种面糊装入裱花袋中以间隔的方式挤在烤盘上，放入上下火160℃的烤箱，烤20分钟。4.取出抹上鲜奶油，卷起后切段。

新手注意 挤面糊时不能中断，否则会影响成品的美观。

鸳鸯蛋糕卷

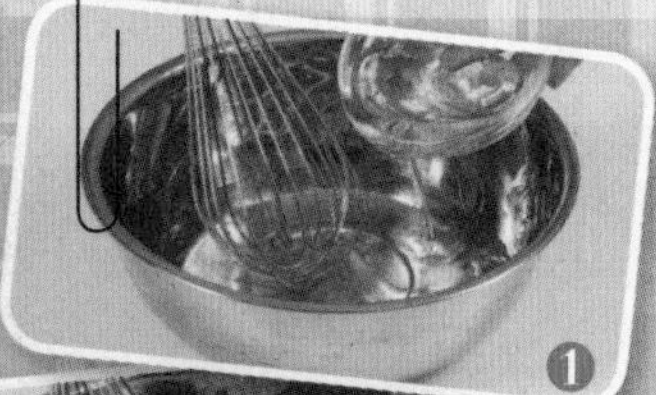

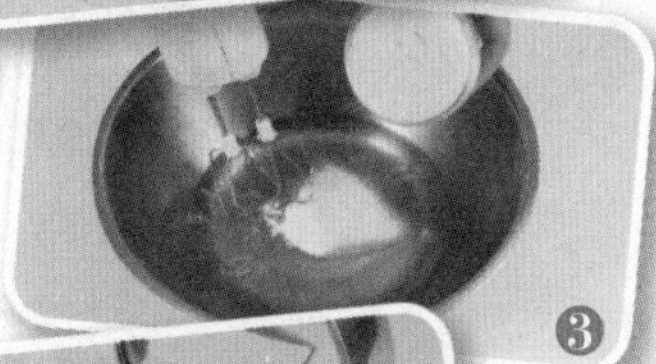

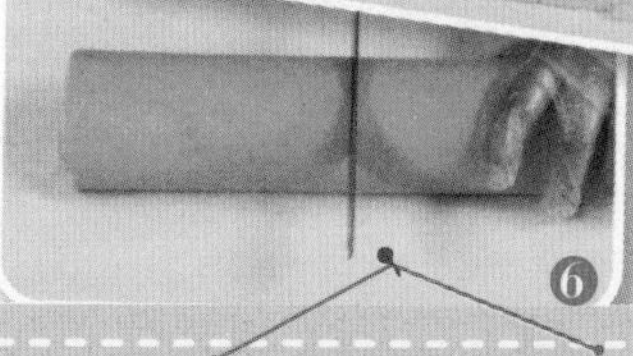

工具 搅拌器、电动搅拌器、烘焙纸、长柄刮板、抹刀、烤箱

材料*2人份 水100毫升，色拉油75毫升，低筋面粉80克，粟粉30克，奶香粉3克，泡打粉1克，蛋黄120克，可可粉适量，蛋白150克，细砂糖100克，塔塔粉2克，柠檬果膏适量

做法 1.将水、色拉油混合用搅拌器拌匀，加入低筋面粉、粟粉、奶香粉、泡打粉拌至无粉粒，加入蛋黄拌成光滑的面糊。2.取一半面糊加入可可粉拌匀，备用。3.把蛋白、塔塔粉、细砂糖倒在一起，用电动搅拌器先慢后快，打至鸡尾状，平均分成2份，分次加入2份面糊中并完全拌匀。4.将两份面糊分别倒入垫有烘焙纸的烤盘内。5.用长柄刮板抹匀面糊，入烤箱以170℃的温度烤约25分钟，至熟后取出冷却，冷却后取走粘在糕体上的烘焙纸，抹上柠檬果膏，叠上调色的糕体，再用抹刀抹上果膏。6.卷起，静置30分钟以上，分切成小件即可。

新手注意 制作蛋糕时，可加其他的口味，如抹茶粉等。

黑樱桃蛋糕卷

工具 刀、搅拌器、筛网、烘焙纸、蛋糕刀、刷子、烤箱

材料*1人份 鸡蛋3个，细砂糖55克，糖稀5克，大米粉40克，可可粉13克，黄油、生奶油各20克，黑樱桃适量，打发的生奶油50克

做法 1.将樱桃洗净，去皮，对半切，去核，备用。2.鸡蛋加细砂糖和糖稀用搅拌器拌匀，倒入过筛的大米粉和可可粉，快速搅拌均匀，先倒入一部分溶化好的黄油和生奶油，搅匀后再全部倒进去，均匀搅拌成面糊。3.把面糊装到烘烤板上，放到预热至180℃的烤箱里，烘烤15分钟左右。4.烤好后连烘焙纸一起把蛋糕从烘烤盘里拿出来冷却，冷却后把烘焙纸剥开，将蛋糕用蛋糕刀切成两半，把烘烤的那一面朝下摆放，另一面刷上糖稀，刷得湿一些。5.再刷上打发的生奶油，放上樱桃。6.用烘焙纸把蛋糕卷起来，冷藏30分钟左右，取出来后，刷上糖稀、生奶油，抹匀。

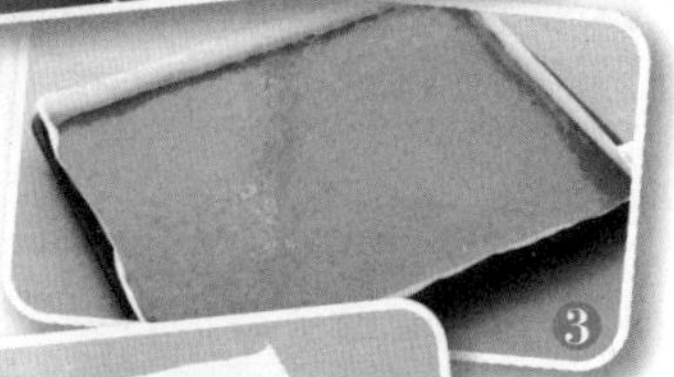

新手注意 制作面糊时使用的大米粉和无糖可可粉需要过筛2次。

海苔蛋糕卷

工具 搅拌器、电动搅拌器、抹刀、筛网、烘焙纸、烤箱

材料*4人份 海苔碎、打发鲜奶油各适量，蛋白160克，塔塔粉3克，细砂糖140克，低筋面粉70克，玉米淀粉55克，蛋黄60克，色拉油55毫升，清水20毫升，泡打粉2克

做法 1.将蛋黄、30克细砂糖、色拉油、清水、玉米淀粉、低筋面粉、泡打粉过筛至容器中，用搅拌器拌成糊状；将蛋白、细砂糖110克、塔塔粉用电动搅拌器拌匀呈鸡尾状；与步骤1的材料混合后加入海苔碎拌匀。2.将拌好的材料倒在垫有烘烤纸的烤盘上，放入上火180℃、下火160℃的烤箱中，烤15分钟。3.取出后用抹刀抹上鲜奶油。4.把蛋糕卷成圆筒状，切成块，装入盘中。

新手注意 在制作海苔蛋糕的时候，加入的海苔一定要撕得碎一点，因为这样在搅拌蛋糕糊的时候才会搅拌得更加均匀。

栗子蛋糕卷

工具 搅拌器、电动搅拌器、裱花袋、长柄刮板、烘焙纸、烤箱、蛋糕刀

材料*3人份 栗子蓉80克，打发鲜奶油40克，细砂糖125克，蛋白100克，塔塔粉2克，蛋黄45克，色拉油30毫升，低筋面粉60克，玉米淀粉50克，泡打粉2克，清水30毫升，巧克力片适量

做法 1.将色拉油、30克细砂糖、清水、玉米淀粉、低筋面粉、蛋黄、泡打粉用搅拌器拌匀；将蛋白、95克细砂糖、塔塔粉用电动搅拌器打发至呈鸡尾状；用长柄刮板将二者混合拌匀。2.将拌好的材料倒入垫有烘焙纸的烤盘中，放入上火180℃、下火160℃的烤箱，烤20分钟至熟。3.取出后抹上鲜奶油，卷起定形。4.将栗子蓉装入裱花袋，挤在蛋糕表面，再摆上巧克力片。

新手注意 **将栗子蓉装入裱花袋中时，可以先将栗子蓉隔水加热一会儿，因为这样更易挤出。**

草莓卷

工具 搅拌器、电动搅拌器、长柄刮板、烘焙纸、烤箱、蛋糕刀

材料*2人份 草莓100克，草莓粒30克，打发的鲜奶油适量，蛋白105克，塔塔粉2克，细砂糖125克，蛋黄45克，色拉油30毫升，低筋面粉60克，玉米淀粉50克，泡打粉2克，清水30毫升

做法 1.将清水、30克细砂糖、色拉油、低筋面粉、玉米淀粉、泡打粉、蛋黄用搅拌器拌匀；将蛋白、95克细砂糖、塔塔粉用电动搅拌器打发至其呈鸡尾状；用长柄刮板将二者混合拌匀。2.将拌好的材料倒在垫有烘焙纸的烤盘上，撒上草莓粒后放入上火180℃、下火160℃的烤箱，烤20分钟。3.取出后抹上鲜奶油，蛋糕边处摆上草莓。4.卷成圆筒状，静置片刻，将蛋糕切段，装盘即可。

新手注意 在蛋糕浆上面撒草莓粒时，一定要撒得均匀，并且稍微下沉一点，这样成品口感更佳。

哈密瓜蛋糕卷

工具 筛网、搅拌器、电动搅拌器、长柄刮板、烘焙纸、烤箱

材料*2人份 哈密瓜色香油、香橙果浆各适量，细砂糖125克，蛋白100克，塔塔粉2克，蛋黄45克，色拉油30毫升，低筋面粉60克，玉米淀粉50克，泡打粉2克，清水30毫升

做法 1.将清水、30克细砂糖、色拉油、低筋面粉、玉米淀粉、蛋黄、泡打粉倒入容器中，用搅拌器拌匀；将蛋白、95克细砂糖、塔塔粉用电动搅拌器打发至呈鸡尾状；将二者用长柄刮板混合拌匀，再加入哈密瓜色香油拌匀。2.倒入垫有烘焙纸的烤盘上抹匀，放入上火180℃、下火160℃的烤箱，烤20分钟。3.取出抹上香橙果浆。4.卷成圆筒状后静置片刻，切成四等份即可。

新手注意 **卷好的蛋糕不要立刻去除烘焙纸，应静置一会儿待成形后，再去除烘焙纸，否则蛋糕卷可能会散开。**

棉花蛋糕卷

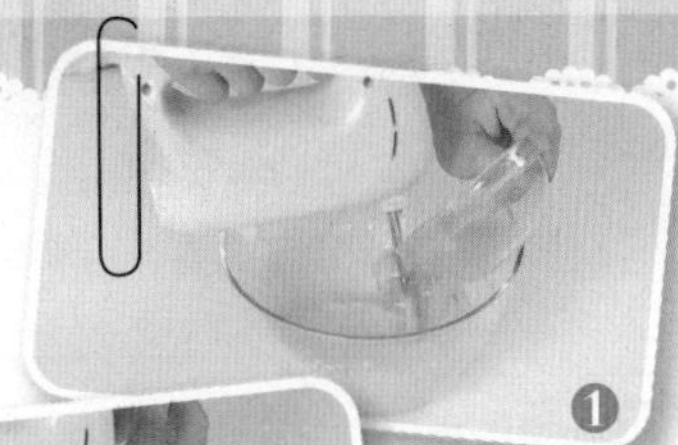

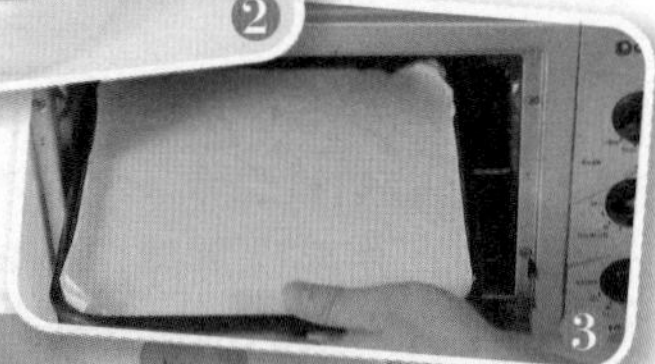

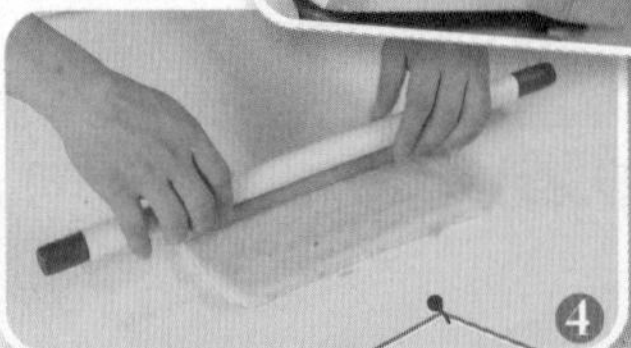

工具 电动搅拌器、长柄刮板、烘焙纸、抹刀、木棍、蛋糕刀、烤箱

材料*2人份 溶化的黄油60克，低筋面粉80克，牛奶80毫升，细砂糖90克，蛋黄90克，蛋白75克，盐、香橙果酱各适量

做法 1.将蛋黄、盐、30克细砂糖、低筋面粉、牛奶、黄油倒入碗中，用电动搅拌器打发均匀，制成面糊。2.蛋白加细砂糖用电动搅拌器打发均匀，制成蛋白部分，倒入面糊中，拌匀后倒在垫有烘焙纸的烤盘中。3.将烤盘放入上下火150℃的烤箱中，烤20分钟至熟取出。4.在操作台上，撕去蛋糕底部的烘焙纸，用抹刀抹上香橙果酱，用木棍连着烘焙纸将蛋糕卷成卷，静置5分钟后去烘焙纸，用蛋糕刀切去两边不平整的地方，对半切开，装入盘中即可。

新手注意 盛材料的碗、电动搅拌器要无油无水，否则不易打发；蛋要新鲜，蛋白里不能有蛋黄，否则不易打发。

斑马蛋糕卷

工具 搅拌器、电动搅拌器、长柄刮板、裱花袋、烘焙纸、蛋糕刀、烤箱

材料*4人份 清水100毫升，色拉油85毫升，低筋面粉162克，玉米淀粉25克，奶香粉2克，蛋黄125克，蛋白325克，细砂糖188克，塔塔粉4克，食盐2克，可可粉、柠檬果膏各适量

做法 1.把清水、色拉油倒在一起拌匀，加入低筋面粉、玉米淀粉、奶香粉用搅拌器拌匀至无粉粒，再加入蛋黄拌匀成光滑的面糊备用。2.把蛋白、细砂糖、塔塔粉、食盐倒在一起，用电动搅拌器打至鸡尾状，分次加入步骤1的面糊中至完全拌匀。3.取少量面糊，加入可可粉拌匀后装入裱花袋，在垫有烘焙纸的烤盘内挤入深色条状面糊，再倒入原色面糊，入烤箱以上下火170℃烤30分钟至熟。4.取出后在表面抹上柠檬果膏，卷起，静置片刻，用蛋糕刀分切成小件即可。

新手注意 可可粉也可以用竹炭粉或抹茶粉来代替，但是竹炭粉不易和水调匀，所以一定要调到没有颗粒为止。

香橙蛋糕卷

工具 搅拌器、电动搅拌器、烤箱

材料*2人份 香橙片、打发鲜奶油适量，水50毫升，细砂糖225克，蛋白135克，塔塔粉2克，蛋黄45克，色拉油30毫升，低筋面粉60克，玉米淀粉50克，泡打粉2克

做法 1.将100克细砂糖、20毫升水用奶锅煮热，放入香橙片，用小火煮10分钟备用。2.将30毫升清水、30克细砂糖、色拉油、低筋面粉、玉米淀粉、泡打粉、蛋黄装入一个容器内用搅拌器拌匀，再将蛋白、95克细砂糖、塔塔粉用电动搅拌器打发至呈鸡尾状，将二者混匀。3.把香橙片铺在烤盘上，倒入拌好的材料，放入上火180℃、下火160℃的烤箱中，烤20分钟至熟。4.取出后抹上鲜奶油，切成两等份的蛋糕卷。

新手注意 香橙可以在锅中多煮一会儿，以使香橙片更入味。

香芋蛋糕卷

工具 搅拌器、电动搅拌器、长柄刮板、抹刀、烤箱

材料*2人份 香芋色香油、香橙果酱各适量，细砂糖125克，蛋白105克，塔塔粉2克，蛋黄45克，色拉油30毫升，低筋面粉60克，玉米淀粉50克，泡打粉2克，清水30毫升

做法 1.将清水、细砂糖30克、色拉油、低筋面粉、玉米淀粉、蛋黄、泡打粉装入一个容器中用搅拌器拌匀；将蛋白、95克细砂糖、塔塔粉用电动搅拌器打发至鸡尾状；用长柄刮板将二者混匀，再加入香芋色香油制成香芋蛋糕浆。2.将蛋糕浆倒入烤盘中，放入上火180℃、下火160℃的烤箱中，烤20分钟。3.取出后用抹刀抹上香橙果浆。4.卷成圆筒状，静置后切成四等份，装入盘中即可。

新手注意 倒入色香油后要搅拌均匀，否则烤出的蛋糕颜色不均匀。

年轮蛋糕卷

工具 搅拌器、电动搅拌器、平底锅、筷子、刷子

材料*2人份 牛奶120毫升，低筋面粉100克，蛋黄30克，蛋白70克，色拉油30毫升，细砂糖25克，蜂蜜适量

做法 1.将牛奶、色拉油、蛋黄倒入碗中，用搅拌器拌匀；低筋面粉过筛至碗中，搅拌均匀，备用。2.将蛋白、细砂糖用电动搅拌器打发均匀至奶白状，倒入打发好的蛋黄中，拌匀，制成面糊。3.将面糊倒入平底锅，用小火煎成面皮，刷上蜂蜜，用筷子将面皮卷起，定形放凉。4.将剩余的面糊煎成面皮，按照滚雪球的方式，依次放上之前卷起的面皮，沿着面皮的一端卷起，卷成大蛋糕卷。5.将蛋糕卷切成段，制成年轮蛋糕，装入盘中，刷上适量的蜂蜜。

新手注意 在面糊还未变硬时铲起边缘，可使面皮边上不致于太过薄脆。

抹茶年轮蛋糕卷

工具 搅拌器、电动搅拌器、平底锅、筷子、刷子

材料*2人份 牛奶120毫升，低筋面粉100克，细砂糖25克，抹茶粉10克，蛋白70克，蛋黄30克，色拉油30毫升，糖粉、蜂蜜各适量

做法 1.将蛋黄、牛奶、色拉油、低筋粉、抹茶粉倒入容器中用搅拌器拌匀。2.将蛋白、细砂糖用电动搅拌器打发均匀至奶白状，倒入打发好的蛋黄中拌匀，制成面糊。3.将面糊倒入平底锅，用小火煎成面皮，刷上蜂蜜，用筷子将面皮卷起，定形放凉。4.将剩余的面糊煎成面皮，按照滚雪球的方式，依次放上之前卷起的面皮，沿着面皮的一端卷起，卷成大蛋糕卷。5.将蛋糕卷切段装盘，撒上糖粉即可。

新手注意 年轮蛋糕也可浇上糖汁或者溶化的巧克力，使其覆盖表面后食用。

蜂蜜年轮蛋糕卷

工具 搅拌器、电动搅拌器、平底锅、烘焙纸、筷子、刷子

材料*2人份 蜂蜜10克，细砂糖25克，色拉油30毫升，蛋黄30克，蛋白70克，牛奶120毫升，低筋面粉100克，草莓适量

做法 1.将牛奶、色拉油、蛋黄、低筋面粉倒入碗中，用搅拌器拌匀，将细砂糖、蛋白、蜂蜜，用电动搅拌器拌匀，再将二者混合拌匀成面糊。2.用小火煎至面糊表面起泡，翻面煎干，在烘焙纸上倒入煎好的面皮，刷蜂蜜，用筷子将面皮卷起，定形放凉。3.重复操作，直至煎完为止，按照滚雪球的方式，放上之前卷起的面皮，沿着面皮的一端卷起，卷成大蛋糕卷。4.切成段，制成蛋糕装盘，放上草莓作装饰。

新手注意 煎好的面皮最好先放凉一会儿，再涂少许蜂蜜，否则面皮容易失去黏性。

巧克力年轮蛋糕卷

工具 搅拌器、电动搅拌器、平底锅、筷子、刷子、裱花袋、剪刀

材料*2人份 细砂糖25克，可可粉10克，色拉油30毫升，蛋黄2个，蛋白2个，牛奶120毫升，低筋面粉100克，蜂蜜、白巧克力液、草莓各适量

做法 1.将牛奶、色拉油、蛋黄装入碗中用搅拌器搅拌均匀，将低筋粉、可可粉过筛至碗中拌匀。2.将蛋白、细砂糖用电动搅拌器打发均匀至奶白状，再倒入打发好的蛋黄中拌匀，制成面糊。3.面糊倒入平底锅，用小火煎成面皮，刷上蜂蜜，用筷子将面皮卷起，定形放凉。4.将剩余的面糊煎成面皮，直至煎完。5.取出，切成段装入盘中，把白巧克力液装入裱花袋中，剪开一个小口，快速挤上白巧克力液，放上草莓。

新手注意 甜度因人而异，根据个人口味更改细砂糖的分量；如果想蛋糕更大，可以多卷几层面皮，再用保鲜膜包起来。

花纹皮蛋糕卷

工具 电动搅拌器、搅拌器、烘焙纸、裱花袋、剪刀、白纸、蛋糕刀、烤箱

材料*2人份 水100毫升，色拉油85毫升，低筋面粉162克，玉米淀粉25克，泡打粉2克，蛋黄125克，蛋白325克，细砂糖188克，塔塔粉4克，柠檬果膏、蛋黄液各适量

做法 1.将水、色拉油、低筋面粉、玉米淀粉、泡打粉、蛋黄用搅拌器拌匀成面糊。2.将蛋白、塔塔粉、细砂糖用电动搅拌器打至鸡尾状，加入面糊中拌匀，倒入铺有烘焙纸的烤盘内。3.蛋黄液倒入裱花袋，用剪刀剪出小口，挤在面糊上，用竹签画花纹，入烤箱以170℃烤30分钟。4.取出倒扣在铺有白纸的案台上，撕去烘焙纸，抹上柠檬果膏，卷起，静置片刻后用刀切件即可。

新手注意 烘烤花纹皮蛋糕卷的时候，蛋糕表面着色不要太深，否则装饰效果不佳，影响蛋糕的美观。

玛奇朵蛋糕卷

工具 电动搅拌器、烘焙纸、长柄刮板、抹刀、蛋糕刀、烤箱

材料*3人份 细砂糖、黄油各140克，吉利丁片2片，咖啡粉16克，巧克力45克，打发鲜奶油、蛋白各150克，塔塔粉、泡打粉各3克，蛋黄、低筋面粉各90克，可可粉25克，色拉油、水各80毫升

做法 1.将水、可可粉、低筋面粉，色拉油、泡打粉、蛋黄装入一个容器内用搅拌器拌匀；将蛋白、90克细砂糖、塔塔粉用电动搅拌器打发匀至鸡尾状；将二者用长柄刮板混匀成糊状。2.面糊倒入烤盘，放入上下火170℃的烤箱，烤20分钟取出，制成蛋糕。3.将50克细砂糖、黄油、咖啡粉、泡软的吉利丁片、巧克力倒入奶锅中，煮化拌匀成馅。4.将步骤3的馅料放入蛋糕中卷起，冷藏后用蛋糕刀切块，装盘即可。

新手注意 **这款蛋糕含油量高，需长时间低温烘烤：温度一般在160～200℃之间，时间则要20~30分钟。**

香草蛋糕卷

工具 电动搅拌器、烘焙纸、长柄刮板、蛋糕刀、烤箱

材料*2人份 蛋黄60克，色拉油40毫升，细砂糖80克，低筋面粉65克，牛奶40毫升，香草粉5克，蛋白140克，塔塔粉3克，鲜奶油适量

做法 1.将牛奶、低筋面粉、色拉油、香草粉、细砂糖、蛋黄装入一个容器内用搅拌器拌匀成糊状；将蛋白、细砂糖、塔塔粉用电动搅拌器打发至鸡尾状；将二者用长柄刮板混合拌匀。2.将面糊倒入烤盘中，放入上下火160℃预热过的烤箱，烤15分钟至熟。3.将烤盘从烤箱中取出，在操作台上铺上烘焙纸，把烤盘倒扣在烘焙纸上，拿走烤盘，撕去粘在蛋糕上的烘焙纸。4.抹上鲜奶油，卷成圆筒状，用蛋糕刀对半切开即可。

新手注意 低筋面粉容易结块，在使用前过筛可消除结块。

长颈鹿纹蛋糕卷

工具 电动搅拌器、烘焙纸、长柄刮板、蛋糕刀、烤箱

材料*2人份 蛋白140克，细砂糖65克，色拉油40毫升，蛋黄60克，可可粉、玉米淀粉各10克，低筋面粉80克，水60毫升，打发鲜奶油适量

做法 1.将蛋白倒入碗中打发，加入细砂糖用电动搅拌器打发，制成蛋白部分。2.取部分蛋白部分加入玉米淀粉，拌匀呈糊状。3.将面糊倒在铺有烘焙纸的烤盘上，呈花纹状。放入上下火160℃的烤箱，烤5分钟。4.将水、可可粉、低筋面粉、色拉油、细砂糖、蛋黄装入容器中拌匀，倒入剩余的蛋白部分，用长柄刮板拌匀成面糊状。5.将面糊倒在烤好的花纹蛋糕上，再放入上下火180℃的烤箱，烤20分钟至熟。6.取出后抹上打发鲜奶油，卷起后用蛋糕刀切成段。

新手注意 在卷蛋糕卷的时候，应该趁蛋糕余温尚存时就卷起来。

摩卡蛋糕卷

工具 电动搅拌器、烘焙纸、抹刀、蛋糕刀、木棍、烤箱

材料*3人份 低筋面粉100克，鸡蛋5个，牛奶30毫升，色拉油30毫升，细砂糖150克，可可粉5克，咖啡粉2克，打发鲜奶油适量

做法 1.将鸡蛋、细砂糖、咖啡粉、可可粉、低筋面粉用电动搅拌器快速搅拌，边搅拌边加入牛奶，再倒入色拉油快速均匀搅拌成蛋糕浆。2.将蛋糕浆倒入垫有烘焙纸的烤盘中，放入上下火170℃预热过的烤箱中，烤20分钟至熟。3.将烤盘倒扣在烘焙纸上，撕去烘焙纸，用抹刀在蛋糕表面抹上打发鲜奶油。4.用木棍连带着烘焙纸将蛋糕卷成圆筒状，再用刀切成小长段即可。

新手注意 可以在蛋糕表面撒上糖粉或巧克力粉作为装饰，口感也会更好。

马力诺蛋糕卷

工具 电动搅拌器、长柄刮板、烘焙纸、木棍、裱花袋、蛋糕刀、剪刀、烤箱

材料*2人份 鸡蛋6个，细砂糖110克，低筋面粉75克，牛奶50毫升，高筋面粉30克，咖啡粉、蛋糕油各10克，色拉油32毫升，泡打粉4克，香橙果酱适量

做法 1.将鸡蛋、细砂糖、高筋面粉、低筋面粉、泡打粉、蛋糕油、牛奶、色拉油用电动搅拌器拌匀成面糊。2.取2/3面糊加入咖啡粉，用长柄刮板拌匀。3.将剩余的1/3面糊和拌好的2/3面糊分别倒入两个裱花袋中，用剪刀剪开小口。4.烤盘上铺烘焙纸，以交错的方式挤入两种面糊，制成生坯。5.放入上下火170℃的烤箱中，烤15分钟。6.抹上香橙果酱，用木棍卷起后再用蛋糕刀切分。

新手注意 **从烤箱取出蛋糕后最好立即将蛋糕倒扣出来，以防其收缩。**

其他蛋糕

在这个世界上，蛋糕的品种千变万化，除了上面介绍的几款较为经典的蛋糕之外，还有许许多多的蛋糕会出现在你的视觉范围内，让你大饱眼福和口福。现在，让我们继续享受其他款式的蛋糕带来的不一样的味道吧！

草莓拿破仑蛋糕

工具 小酥棍、模具、筛网、烤箱

材料*5人份 高、低筋面粉各200克，盐20克，奶油、牛奶各280克，蛋黄40克，细砂糖63克，玉米淀粉13克，水、糖粉、香草粉、草莓各适量

做法 1.奶油冻硬后用小酥棍敲打成四方形。2.将高、低筋面粉，盐，水拌匀成团擀开，奶油放在中央，四周对折包起后擀开，折三折成千层派皮，入冰箱静置30分钟。3.取出派皮并擀开，入烤箱以160℃烤30分钟；将蛋黄、细砂糖、玉米粉、香草粉、牛奶拌匀成奶油馅。4.烤好的派皮用模具印出两片，垫入模具，倒一半的奶油馅，放草莓，再倒剩余的馅料，放另一片派皮盖好，入冰箱冷冻。5.用筛网过筛糖粉至蛋糕上即可。

①

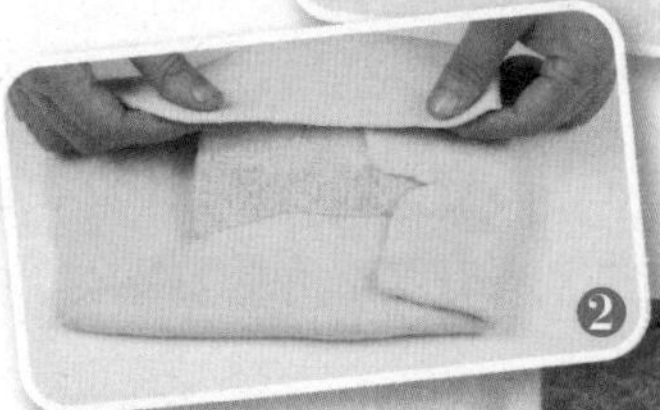
②

③

④

新手注意 烤好的派皮用模具套好，用蛋糕刀裁下；如果天气较热，千层派皮可以放入冰箱冷藏松弛。

提拉米苏

工具 电动搅拌器、方形模具、蛋糕刀、筛网、刷子

材料*3人份 蛋黄45克，细砂糖50克，原味戚风蛋糕1个，马斯卡彭奶酪250克，奶油200克，柠檬汁5毫升，可可粉6克，咖啡粉10克，吉利丁片1片，咖啡酒5毫升

做法 1.将吉利丁片用凉水泡软；奶酪搅打至松软，加柠檬汁拌匀。2.将蛋黄、25克细砂糖、吉利丁片混合拌匀；奶油和剩余细砂糖用电动搅拌器打出泡。3.奶酪、蛋黄和奶油混合拌匀成奶酪糊；咖啡粉加热水混匀，加入咖啡酒。4.将原味戚风蛋糕用蛋糕刀平切成薄片，用方形模具按压成三个方块，用刷子在三层方形蛋糕间刷上拌好的咖啡酒，再倒上奶酪糊，冷藏后筛上可可粉。

新手注意 筛可可粉的时候要注意，一定要一点点地筛，这样才会均匀，才比较好看，不要贪多筛太厚。

花朵蛋糕

工具 电动搅拌器、烘焙纸、模具、花嘴、裱花袋

材料*4人份 鸡蛋2个，细砂糖115克，低筋面粉、蛋白各60克，生奶油15克，黄油215克，樱桃利口酒5毫升，食用色素少许，水30毫升，果酱、打发鲜奶油适量

做法 1.鸡蛋加35克细砂糖、200克黄油、生奶油、低筋面粉用电动搅拌器拌匀，倒入有烘焙纸的模具里，然后放入上下火170℃的烤箱中烤30分钟制成蛋糕模。2.水加15克细砂糖制成糖浆，另取碗倒入蛋白、65克细砂糖，用电动搅拌器打发后加三分之二的糖浆拌匀。3.将步骤2的材料加入樱桃利口酒、食用色素拌均匀。4.将步骤1中烤好的蛋糕切成两片，在一片上涂上剩下的糖浆、15克黄油、果酱后，盖上另一片做成基础蛋糕；打发鲜奶油倒入裱花袋，在基础蛋糕底部与上部挤出贝壳样装饰。5.将步骤3的材料倒入裱花袋里挤出花瓣摸样的奶油，冷藏10分钟。6.将花瓣移至蛋糕上，再挤上奶油用作装饰。

新手注意 生奶油和黄油用微波炉稍微加热一下，溶化好备用。

勃朗峰蛋糕

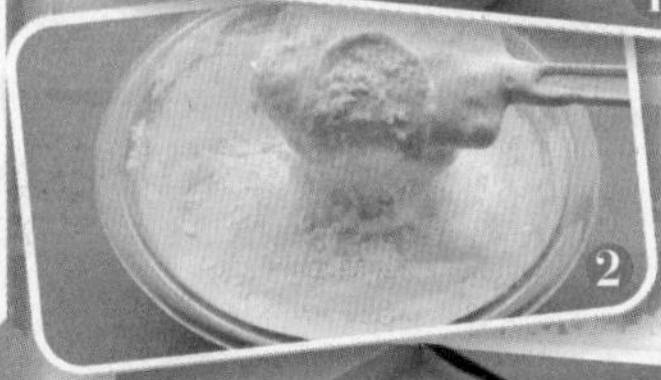

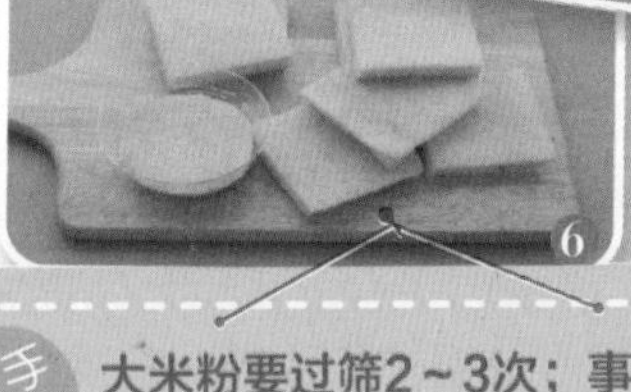

工具 电动搅拌器、筛网、烘焙纸、模具、裱花袋、烤箱

材料*4人份 鸡蛋2个，细砂糖70克，制饼用大米粉40克，黄油15克，土豆300克，生奶油150克，勃朗峰奶油、糖浆各适量

做法 1.打好鸡蛋后加40克细砂糖拌匀，用电动搅拌器打发至起泡，至泡泡舀起来时像缎带一样落下去即可。2.加入过了筛的大米粉拌匀后，再加入加热好的黄油和生奶油，拌匀成团。3.面团盛到铺有烘焙纸的模具里，放入预热到180℃的烤箱中烘烤15分钟左右，烤完取出冷却。4.把土豆煮熟捣烂后，加黄油和细砂糖拌匀。5.把生奶油的黏稠度打到7分发，再加上土豆泥，装入有勃朗峰奶油的裱花袋里。6.按杯子大小把蛋糕切好，涂上糖浆后，挤上一点生奶油，再加上一块蛋糕，涂上糖浆，挤满步骤4、5制成的土豆奶油就完成了。

新手注意 大米粉要过筛2～3次；事先在方形模具里铺好烘焙纸。

猕猴桃千层蛋糕

工具 搅拌器、筛网、平底锅、蛋糕刀

材料*2人份 牛奶375毫升，打发鲜奶油适量，低筋面粉150克，鸡蛋1个，黄油40克，色拉油10毫升，细砂糖25克，切好的奇异果片适量

做法 1.将牛奶、细砂糖倒入碗中，用搅拌器拌匀，倒入色拉油、鸡蛋、黄油，继续搅拌均匀，筛入低筋面粉，拌匀，制成面糊。2.平底锅烧热倒入适量的面糊，煎至起泡，翻面煎至熟成面皮，面皮放在盘子上，抹上打发鲜奶油，铺上奇异果片。3.依次叠上6块面皮，对面皮进行同样的处理，制成奇异果千层蛋糕。4.冷藏30分钟，取出后切成四等份。5.将其中两份切好的奇异果千层蛋糕装入盘中即可。

新手注意 在制作千层蛋糕时，刚煎好的面皮一定要放凉后才能抹上打发鲜奶油，否则鲜奶油容易溶化。

千层蛋糕

工具 搅拌器、筛网、平底锅、烘焙纸、蛋糕刀

材料*2人份 牛奶375毫升，打发鲜奶油适量，低筋面粉150克，鸡蛋1个，黄油40克，色拉油10毫升，细砂糖25克

做法 1.将牛奶、细砂糖、色拉油、鸡蛋、黄油、过筛的低筋面粉倒入碗中，用搅拌器搅拌均匀成面糊。2.面糊倒入平底锅中，煎至熟成面皮。3.在操作台上铺一张烘焙纸，将煎好的面皮倒在烘焙纸上，抹上打发鲜奶油。4.依次叠上煎好的面皮，并抹上打发鲜奶油，直至叠上10块面皮为止，制成千层蛋糕。5.把千层蛋糕用蛋糕刀对半切开，取其中一块，再对半切开，最后将切好的千层蛋糕装入盘中即可。

新手注意 煎面皮的时候一定要用小火来煎；每做完一张面皮一定要先将平底锅降温，再放入面糊煎另一张。

提子千层蛋糕

工具 搅拌器、筛网、平底锅、抹刀、蛋糕刀

材料*2人份 牛奶375毫升，打发鲜奶油适量，低筋面粉150克，鸡蛋1个，黄油40克，色拉油10毫升，细砂糖25克，切好的提子适量

做法 1.将牛奶、细砂糖倒入碗中用搅拌器拌匀，加色拉油、鸡蛋、黄油，搅拌均匀，将低筋面粉过筛至碗中拌匀，制成面糊。2.面糊倒入烧热的平底锅中，煎至熟成面皮，冷却后再用抹刀抹上打发鲜奶油，铺上提子。3.依次叠上面皮，抹上打发鲜奶油，铺上提子，直至叠上7块面皮为止，制成提子千层蛋糕。4.把提子千层蛋糕放入冰箱冷藏30分钟，取出后用蛋糕刀对半切开，再将一块装入盘中即可。

新手注意 煎熟后的面皮应该放置在架子上晾凉后再抹上打发鲜奶油，否则高温会使打发鲜奶油溶化。

香蕉千层蛋糕

工具 搅拌器、筛网、平底锅、抹刀、蛋糕刀

材料*2人份 牛奶375毫升，打发鲜奶油适量，低筋面粉150克，鸡蛋85克，黄油40克，色拉油10毫升，细砂糖25克，剥皮的香蕉2根

做法 1.香蕉切片，备用。2.将牛奶、细砂糖、色拉油、鸡蛋、黄油、过筛的低筋面粉倒入碗中，用搅拌器搅拌均匀成面糊。3.面糊倒入烧热的平底锅中，煎至熟成面皮；面皮冷却后，铺上香蕉片，再用抹刀抹上打发鲜奶油。4.依次叠上面皮，放入香蕉，抹上打发鲜奶油，直至叠上7块面皮为止，制成香蕉千层蛋糕。5.把蛋糕冷藏30分钟，取出用蛋糕刀对半切开装入盘中即可。

新手注意 单打发鲜奶油吃起来会觉得过于油腻，加入栗子酱可改善奶油的味道和口感。

甜筒蛋糕

工具 搅拌器、电动搅拌器、裱花袋、剪刀、高温布、烤箱

材料*3人份 清水35毫升，蛋黄150克，低筋面粉120克，奶香粉2克，蛋白230克，细砂糖120克，塔塔粉2克，椰蓉适量，即溶吉士粉50克，鲜奶150毫升，柠檬果膏适量

做法 1.把清水、蛋黄混合用搅拌器拌匀，加入低筋面粉、奶香粉拌至无粉粒。2.把蛋白、塔塔粉、细砂糖混匀，用电动搅拌器打至鸡尾状，加入步骤1的材料中拌匀成蛋糕浆。3.装入裱花袋，用剪刀剪出一个小口，并挤在铺有高温布的钢丝网上，挤成三角形，在表面撒上椰蓉，入烤箱以170℃的温度烤约20分钟至熟，取出冷却，把冷却的糕体置于案台上。4.将糕体抹上柠檬果膏，并卷成圆锥形，结口朝下；鲜奶加即溶吉士粉拌匀，挤入卷好的糕体内，装满即可。

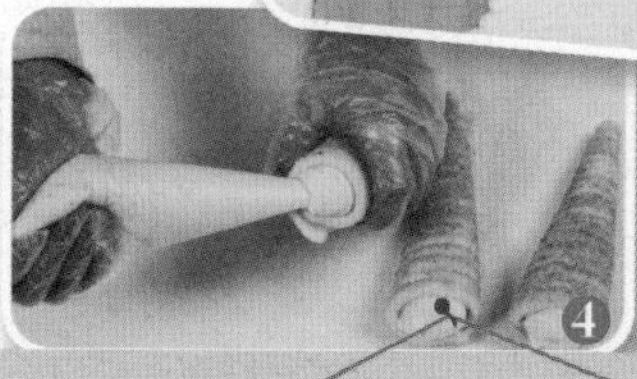

新手注意 蛋糕最好凉透后再卷起，否则易裂开；在本款蛋糕中加入蛋黄可使面糊更黏稠，口感更香浓。

金三角蛋糕

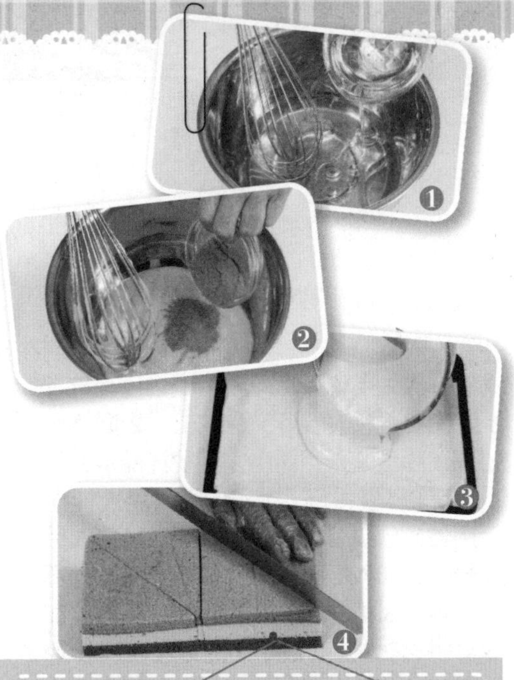

工具 搅拌器、盘子、电动搅拌器、抹刀、蛋糕刀、烤箱

材料*6人份 清水150毫升，色拉油150毫升，低筋面粉200克，吉士粉50克，粟粉50克，蛋黄300克，蛋白500克，细砂糖250克，塔塔粉6克，食盐3克，抹茶粉、可可粉、柠檬果膏各适量

做法 1.把清水、色拉油、低筋面粉、吉士粉、粟粉拌匀后加入蛋黄用搅拌器拌至光滑。2.面糊分别倒在3个盘子内，其中两个分别加入抹茶粉、可可粉，拌匀备用。3.把蛋白、砂糖、塔塔粉、食盐倒在一起，用电动搅拌器先慢后快打至呈鸡尾状，再分成均匀的3份，挤入备好的3份面糊中完全拌匀，分别倒入烤盘，抹至厚薄均匀。4.入炉以180℃的炉温烘烤23分钟，熟透后出炉冷却，把凉透的糕体用蛋糕刀分别切成等宽等长的条状，抹上柠檬果膏叠起，轻压后切成四方形，再切成三角形。

新手注意 为了避免蛋糕外皮烤得过老，可在饼坯表皮烘烤成金黄色后取出，再在蛋糕表面裹上一层铝箔纸来隔温。

蜂巢蛋糕

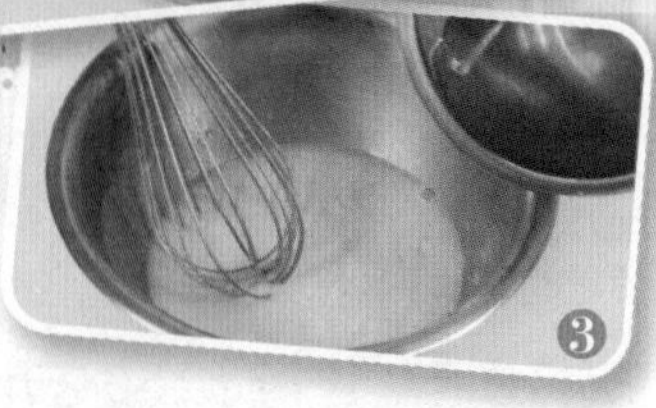

工具 奶锅、搅拌器、滤网、锡纸模具、烤箱

材料*2人份 清水190毫升，细砂糖150克，蜂蜜18克，炼奶112克，色拉油75毫升，鸡蛋3个，低筋面粉93克，食粉15克

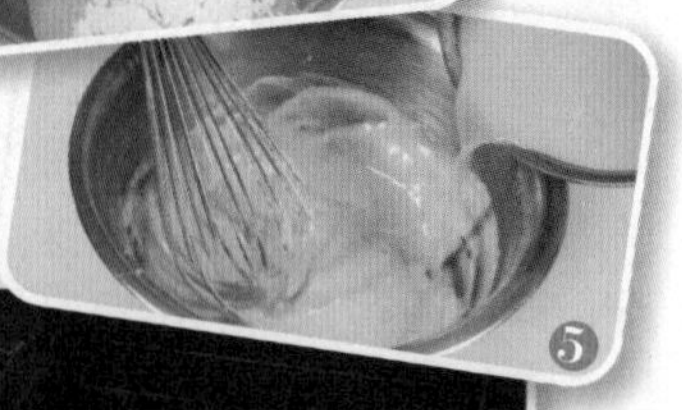

做法 1.把清水、细砂糖、蜂蜜倒在奶锅中，放到电磁炉上煮，边煮边用搅拌器搅匀至沸腾，再冷却至50℃左右。 2.把炼奶、色拉油、鸡蛋装入容器中，用搅拌器混合拌匀。 3.把步骤1慢慢倒入步骤2中，用搅拌器拌匀后用滤网过滤。 4.取步骤3的1/4装入另一个容器中，加入低筋面粉、食粉，用搅拌器拌至无粉粒。 5.再把步骤3剩余的材料分次加入步骤4中拌均匀，静置半小时以上至完全凉透。 6.倒入锡纸模内至八分满，入烤箱，以140℃的温度烤约30分钟，烤至完全熟透，取出冷却即可食用。

新手注意 只有等面糊完全凉透后才能放入锡纸模，再入烤箱烘烤。

蔓樾莓蛋糕

工具 电动搅拌器、烘焙纸、长柄刮板、刀、烤箱

材料*4人份 蛋黄60克，蛋白140克，低筋面粉70克，玉米淀粉55克，泡打粉5克，水、色拉油各60毫升，细砂糖125克，打发鲜奶油200克，蔓越莓果酱40克

做法 1.将低筋面粉、玉米淀粉和2克泡打粉过筛至有蛋黄的碗中，用搅拌器拌匀，再倒入水、色拉油、28克细砂糖拌匀；将蛋白、97克细砂糖、3克泡打粉用电动搅拌器打至鸡尾状；将二者混匀成面糊。2.倒入模具，入上下火170℃的烤箱烤25分钟后取出脱模。3.将蛋糕用蛋糕刀切成两块，用抹刀在其中一块上抹上鲜奶油，盖上另一块，再抹上鲜奶油。4.将奶油装入有花嘴的裱花袋并挤在蛋糕边缘，将蔓越莓果酱倒在花纹中间。

新手注意 **烘焙结束后，应该让食物自然冷却，这样可以保持食物的形状和口感。**

猕猴桃蛋糕

工具 筛网、蛋糕刀、抹刀、花嘴、裱花袋、筛子、模具、烤箱

材料*4人份 蛋黄60克，蛋白140克，低筋面粉70克，玉米淀粉55克，泡打粉5克，水、色拉油各60毫升，细砂糖125克，猕猴桃果肉片、杏仁片、糖粉、打发鲜奶油各适量

做法 1.低筋面粉、玉米淀粉和2克泡打粉过筛至有蛋黄的碗中，用搅拌器拌匀，再倒入水、色拉油、28克细砂糖拌匀；将蛋白、97克细砂糖、3克泡打粉用电动搅拌器打至鸡尾状；将二者混匀制成面糊。2.倒入模具，上下火170℃的烤箱，烤25分钟取出脱模。3.用蛋糕刀切成两块，用抹刀抹上鲜奶油，插上杏仁片、猕猴桃片，挤上奶油花，筛上糖粉即可。

新手注意 如果条件许可，最好使用两台搅拌机将蛋白、蛋黄分开搅打。

金字塔蛋糕

工具 筛网、电动搅拌器、模具、烤箱

材料*5人份 色拉油、牛奶各60毫升，低筋面粉345克，鸡蛋10个，蛋黄30克，细砂糖500克，奶油霜100克，巧克力淋酱200克

做法 1.色拉油加热至85℃左右，加入45克已过筛的低筋面粉拌匀。2.将鸡蛋、细砂糖、蛋黄用电动搅拌器拌至浓稠状。3.将300克低筋面粉过筛两次，倒入步骤2中的材料中，再加牛奶拌匀。4.面糊倒入模具中，入烤箱以上火190℃、下火150℃烤25分钟。5.待凉后将蛋糕切成四片，中间抹上奶油霜，再将蛋糕层层重叠，对切成两个三角形，将两个三角形合成金字塔，抹上一层奶油霜，放入冰箱的冷冻室冰冻一下再取出，最后淋上巧克力淋酱。

新手注意 在焙烤蛋糕之前，烤箱一定要先预热，这样烤出的蛋糕品质会更好。

法式巧克力蛋糕

工具 搅拌器、电动搅拌器、长柄刮板、蛋糕刀、烤箱

材料*3人份 可可粉25克，鲜奶油30克，牛奶60毫升，蛋白235克，蛋黄125克，黄油100克，细砂糖100克，食粉1.5克，塔塔粉2.5克，低筋面粉62克，黑巧克力液150克，黑巧克力碎适量

做法 1.牛奶、黄油用奶锅加热，煮至黄油溶化后关火，加鲜奶油、可可粉，用搅拌器拌匀；加食粉、低筋面粉、蛋黄、黑巧克力液拌匀成巧克力浆。2.将蛋白、细砂糖、塔塔粉用电动搅拌器打至六分发，加入巧克力浆并用长柄刮板拌匀，制成蛋糕浆。3.倒入烤盘入上火180℃、下火150℃预热过的烤箱，烤20分钟。4.取出后撒上黑巧克力碎，高温溶化后抹平，切方块装盘。

新手注意 **在制作蛋糕前，先将准备好的蛋白放置在冰箱冷藏室中保存备用。**

地瓜丁蛋糕

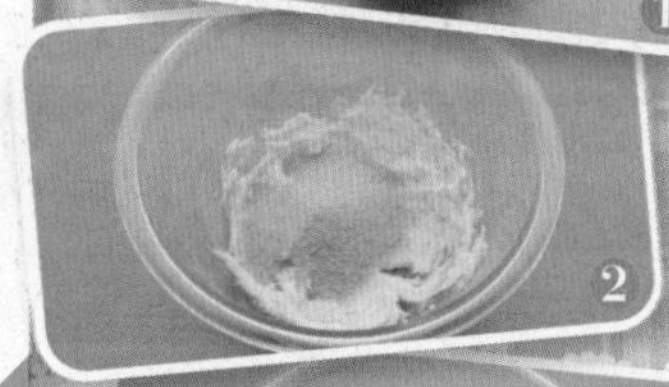

工具 保鲜膜、搅拌器、筛网、长柄刮板、圆形模具、微波炉、烤箱

材料*3人份 黄油100克，低筋面粉150克，泡打粉3克，盐少许，鸡蛋2个，黄糖50克，白琼脂60克，地瓜150克，蜂蜜8克，香草提取物少许

做法 1.切好的地瓜盛入碗里，盖上保鲜膜，放入微波炉加热2分钟，完全熟透后，加蜂蜜拌匀。2.在另一个搅拌碗里把黄油打散，加黄糖并用搅拌器拌匀。3.一点一点地倒入事先打好的鸡蛋，不要让鸡蛋和黄油分开来，一起搅拌均匀，再加香草提取物和白琼脂搅拌均匀。4.把过了筛的低筋面粉、泡打粉和盐倒进去，用长柄刮板像切东西似的搅拌均匀。5.面粉搅拌得差不多的时候，把步骤1的地瓜加进去，用长柄刮板切拌均匀成面团。6.把面团装到圆形模具里，放到预热至170℃的烤箱里，烘烤30～40分钟取出，脱模即可食用。

新手注意 白琼脂可用其他的琼脂或者捣烂的熟地瓜代替。

生奶油蛋糕

工具 搅拌器、烘焙纸、模具、电动搅拌器、抹刀、裱花袋、剪刀、花嘴、烤箱

材料*3人份 鸡蛋3个，细砂糖85克，低筋面粉90克，黄油15克，生奶油215克，开水30毫升，樱桃利口酒1/2小匙，猕猴桃、草莓、红莓各适量，开心果碎少许

做法 1.打好的鸡蛋加55克细砂糖、过筛的低筋面粉用搅拌器拌匀。2.将步骤1的食材倒入装有黄油和15克生奶油的碗里搅匀后装入模具，再放入预热到170℃的烤箱中，烤30分钟取出脱模待用。3.200克生奶油加15克细砂糖，用电动搅拌器打到70%的发泡状态。4.开水加15克细砂糖拌成糖浆，滴入樱桃利口酒拌匀；用蛋糕刀在切好的蛋糕上涂上糖浆、生奶油并放上水果。5.涂上生奶油后按从侧面到表面的顺序用抹刀抹匀。6.生奶油装入有花嘴的裱花袋里，用剪刀剪出一个小口，沿边挤出奶油球作装饰，中间放上草莓，再撒上一些开心果碎就完成了。

新手注意 生奶油打好后应尽快地把奶油抹好，以免变硬发干。

提子哈雷蛋糕

工具 电动搅拌器、筛网、蛋糕纸杯、刷子、烤箱

材料*5人份 鸡蛋5个，低筋面粉250克，泡打粉5克，细砂糖250克，色拉油250毫升，提子干、蜂蜜各适量

做法 1.分别将鸡蛋、细砂糖倒入容器中，用电动搅拌器快速打发至其呈乳白色。2.用筛网将低筋面粉、泡打粉过筛至容器中，用电动搅拌器打发均匀后加入色拉油，继续打发至浆糊状。3.将蛋糕纸杯放在烤盘上，将浆糊倒入杯中至八分满，撒入提子干。4.将烤盘放入烤箱中，调成上火200℃、下火180℃烤15~20分钟至其呈金黄色。5.从烤箱中取出蛋糕。6.在蛋糕表面，用刷子刷上蜂蜜即可。

新手注意

提子干也可换成其他口味的水果干或坚果；鸡蛋和细砂糖搅拌至呈乳白色，即用手指勾起蛋糊不会往下流的状态。

瓦娜蛋糕

工具 电动搅拌器、烘焙纸、刷子、蛋糕刀、烤箱

材料*3人份 鸡蛋5个，蛋黄10克，细砂糖180克，牛奶35毫升，低筋面粉145克，泡打粉1克，黄油150克，盐1克，蛋黄液15克

做法 1.将细砂糖、鸡蛋、黄油、蛋黄、泡打粉、盐、低筋面粉、牛奶倒入容器中，用电动搅拌器搅拌均匀成蛋糕浆。2.将蛋糕浆倒入垫有烘焙纸的烤盘中，抹平。3.放入上火170℃、下火130℃的烤箱内，烤20分钟至熟。4.取出后，用刷子在蛋糕上刷上蛋黄液，再入烤箱，烤5～6分钟。5.取出烤盘后撕去上面的烘焙纸，蛋糕翻面，用蛋糕刀将其切成长块状，装盘即可。

新手注意 选鸡蛋时，可用左手握成圆形，右手将蛋放在圆形末端，对着日光透射，新鲜的鸡蛋呈微红色、半透明状态。

香杏蛋糕

工具 刷子、电动搅拌器、模具、烤箱

材料*3人份 低筋面粉150克，高筋面粉少许，泡打粉3克，蜂蜜适量，鸡蛋3个，细砂糖110克，色拉油60毫升，杏仁片15克，溶化黄油60克

做法 1.将高筋面粉撒入刷有黄油的模具中。2.将鸡蛋、细砂糖、低筋面粉、剩余的高筋面粉、泡打粉拌匀，边倒入色拉油中边用电动搅拌器打发成糊状，加入黄油同样拌匀成蛋糕浆。3.依次往模具内倒入蛋糕浆，至六分满，再撒入少许的杏仁片，将模具放入预热至170℃的烤箱，烤20分钟至金黄色。4.从烤箱中取出烤盘，在烤好的蛋糕上用刷子刷上蜂蜜，脱模后装入盘中即可。

新手注意 往模具中刷上一层溶化黄油，再撒入少许的高筋面粉，可以防止蛋糕在烤制过程中烤煳，并且方便脱模。

重油蛋糕

工具 电动搅拌器、筛网、模具、刷子、烤箱

材料*2人份 鸡蛋5个，低筋面粉250克，泡打粉5克，细砂糖250克，色拉油250毫升，花生碎、蜂蜜各适量

做法 1.分别将鸡蛋、细砂糖倒入容器中，用电动搅拌器快速拌匀至其呈乳白色。2.用筛网将低筋面粉、泡打粉过筛至步骤1的容器中，用电动搅拌器拌匀，加入色拉油，打发至浆糊状。3.把浆糊倒入模具中，约五分满即可，撒入适量花生碎，再放入烤盘中。4.将烤盘放入烤箱中，调成上火180℃、下火200℃，烤20分钟至其呈金黄色。5.从烤箱中取出烤好的蛋糕，将蛋糕脱模，装入盘中，用刷子在蛋糕表面均匀地刷上适量蜂蜜即可。

新手注意 在制作重油蛋糕时，细砂糖应该打匀，这样可以避免蛋糕在出炉后表面出现白色斑点。

杯状蛋糕

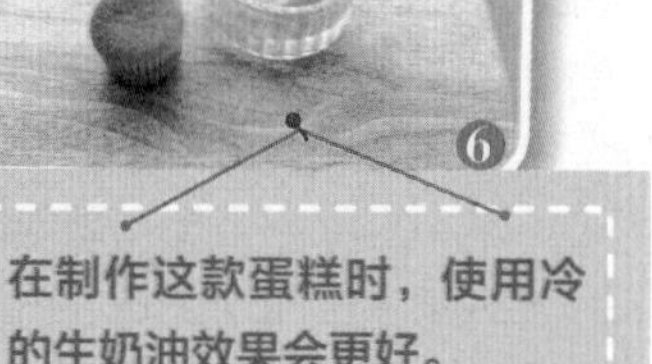

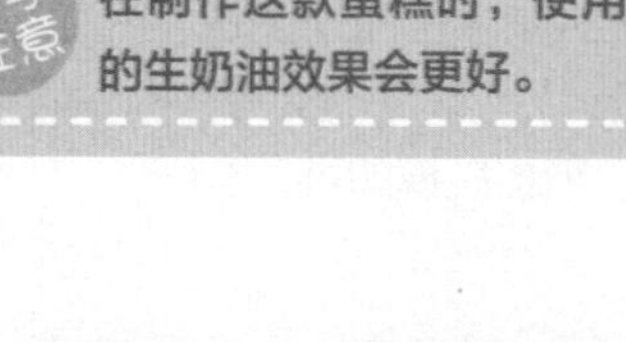

工具 搅拌器、筛网、模具、烘焙纸、星星奶油花嘴、裱花袋、剪刀、烤箱

材料*2人份 鸡蛋2个，低筋面粉80克，生奶油、黄油各230克，柠檬皮适量，利口酒5毫升，蛋白60克，细砂糖65克，水25毫升，食用色素、糖衣曲奇、食用银珠子各少许

做法 1.鸡蛋打入碗内用搅拌器搅散，加细砂糖打出泡，倒入过了2～3次筛的低筋面粉和柠檬皮，拌匀成团。2.在步骤1的食材中加30克溶化好的黄油和生奶油一起拌匀。3.在模具里铺上烘焙纸后放入面团，放到预热至170～180℃的烤箱烤5分钟，烤完冷却。4.细砂糖和水高温煮成糖清，倒入蛋白中用搅拌器搅拌成糖浆，放至冷却。5.将200克黄油打散，加蛋清、利口酒，拌成黄油奶油，再加一点食用色素，装入有星星奶油花嘴的裱花袋中，剪一个小口。6.将蛋糕涂上糖浆，绕圈挤上黄油；再撒上食用银珠子，插上糖衣曲奇。

新手注意 在制作这款蛋糕时，使用冷的生奶油效果会更好。

西洋蛋糕

工具 搅拌器、电动搅拌器、裱花袋、剪刀、模具、蛋糕纸、烤箱

材料*2人份 清水50毫升，色拉油60毫升，低筋面粉90克，玉米淀粉12克，奶香粉2克，泡打粉1克，蛋黄90克，蛋白200克，细砂糖125克，塔塔粉3克，食盐1克

做法 1.把清水、色拉油混合用搅拌器搅拌均匀，再加入低筋面粉、玉米淀粉、奶香粉、泡打粉，搅拌至无颗粒状待用。2.在步骤1的食材中加入蛋黄，用搅拌器快速搅拌均匀。3.将蛋白、细砂糖、塔塔粉、食盐混合在一起，用电动搅拌器先中速打至细砂糖溶化，再转快速打至原体积的3倍。4.把步骤2的食材分三次加入步骤3的食材中，用电动搅拌器快速均匀搅拌成蛋糕浆。5.将蛋糕浆装入裱花袋中，用剪刀剪开一个小口，将蛋糕浆挤入垫有蛋糕纸的模具中至九分满。6.在烤盘内加少许清水，放入烤箱，温度调成上下火150℃，烤40分钟，烤至金黄色、完全熟透，取出脱模即可。

新手注意 烘烤时注意底火不要过高，否则蛋糕易收缩。

黑森林蛋糕

工具 蛋糕模、烘焙纸、搅拌器、电动搅拌器、烤箱

材料*2人份 低筋面粉40克，玉米面粉5克，奶油50毫升，蛋白115克，蛋黄45克，黑巧克力屑20克，樱桃50克，可可粉50克，细砂糖110克，盐、樱桃汁、樱桃酒、樱桃片各适量

做法 1.在蛋糕模子上铺上烘焙纸；将蛋黄、水、细砂糖、玉米面粉、低筋面粉、可可粉、樱桃汁、樱桃酒用搅拌器搅匀成面糊。2.蛋白加盐，用电动搅拌器打至发泡。3.将打发的蛋白与面糊混合后倒入模具，放入150～170℃的烤箱，烤50分钟。4.将樱桃片放在小蛋糕上，抹上奶油后撒上黑巧克力屑，最后放上樱桃即可。

新手注意 若是没有樱桃酒也可以用白兰地或朗姆酒来代替。

杏仁哈雷蛋糕

工具 电动搅拌器、筛网、蛋糕纸杯、刷子、烤箱

材料*5人份 鸡蛋5个，低筋面粉250克，泡打粉5克，细砂糖250克，色拉油250毫升，杏仁片、沙拉酱各适量

做法 1.将鸡蛋、细砂糖倒入容器中，用电动搅拌器拌至呈乳白色。2.将低筋面粉、泡打粉用筛网过筛至容器中，用电动搅拌器拌匀后加色拉油，打发至浆糊状。3.将浆糊倒入蛋糕纸杯中，至五分满即可，撒入适量杏仁片。4.将烤盘放入烤箱中，调成上火200℃、下火180℃，烤15分钟，至其呈金黄色。5.从烤箱中取出蛋糕，用刷子在蛋糕表面刷上适量沙拉酱即可。

新手注意 这款蛋糕的膨胀度很高，将浆糊倒入烤盘时只要倒五分满即可，以免影响外观。

安格拉斯蛋糕

工具 搅拌器、蛋糕模、抹刀、蛋糕刀、筛网、纸牌、水锅

材料*3人份 牛奶50克，香草粉少许，蛋黄20克，细砂糖18克，玉米淀粉2克，吉士粉2克，吉利丁片5克，打发鲜奶油90克，刨丝的黑巧克力40克，水果、糖粉各适量

做法 1.将牛奶、香草粉、蛋黄、糖、玉米淀粉拌匀，入水锅隔水加热，并用搅拌器迅速搅拌至浓稠。2.加入吉士粉拌匀，再加入泡软的吉利丁片拌至溶化。3.冷却后与打发鲜奶油一起拌匀，加入黑巧克力刨丝拌匀成馅，挤入封好的垫有蛋糕片的模具中，用抹刀抹平，放入冰箱冷藏至凝固。4.取出脱模切块，放上水果，用筛网将糖粉过筛至蛋糕表面，插上纸牌作装饰即可。

新手注意 黑巧克力最好不要刨太碎，否则容易溶化；使用吉利丁片前，最好用清水浸泡片刻使其变软。

橙香金元宝蛋糕

工具 电动搅拌器、蛋糕模、裱花袋、剪刀、竹签、烤箱

材料*4人份 蛋白、蛋黄各125克，细砂糖150克，低筋面粉125克，吉士粉2克，泡打粉2克，蛋糕油12克，鲜奶25毫升，色拉油30毫升，新鲜橙汁10毫升，新鲜橙皮10克，黄油适量

做法 1.把蛋白、细砂糖倒在一起，用电动搅拌器打发均匀。2.加入低筋面粉、吉士粉、泡打粉、蛋糕油，打发至原体积的3倍大。3.加入鲜奶、色拉油、橙汁、橙皮打发均匀，倒入刷了黄油的模具内至八分满。4.把蛋黄拌匀成液，倒入裱花袋，用剪刀剪一个小口，挤在面糊表面，用竹签随意画花纹，中间挤上一条黄油，入烤箱以150℃烤25分钟，取出脱模即可。

新手注意 橙汁、橙皮可以根据个人的口味来进行增减；烘烤蛋糕的时候，一定要控制好温度。

松仁蛋糕

工具 勺子、电动搅拌器、筛网、锡纸、模具、抹刀、烤箱

材料*2人份 无盐奶油100克，巧克力100克，可可脂25克，蛋黄150克，鸡蛋1个，细砂糖87克，软化糖浆12克，蛋白125克，低筋面粉45克，松仁100克，糖粉、干果各适量

做法 1.将巧克力隔热水溶化，加入可可脂和无盐奶油用勺子拌至溶化。2.将蛋黄、鸡蛋和软化糖浆用电动搅拌器打发后与步骤1的食材拌匀。3.将蛋白和细砂糖用电动搅拌器打发，再分次加入步骤2的食材中拌匀。4.用筛网将低筋面粉过筛后和松仁混合，加入步骤3的食材中拌匀成蛋糕浆。模具内放锡纸封好，倒入蛋糕浆至八分满，并用抹刀抹平。5.将模具放入烤箱，调上下火180℃，烤40分钟至熟，出炉冷却后脱模。6.筛上糖粉，放上干果装饰即可。

新手注意 制作蛋糕用的糖常选蔗糖，以颗粒细密、颜色洁白为佳。

花篮蛋糕

工具 抹刀、小夹子、刷子

材料*2人份 原味戚风蛋糕1个，蓝莓、镜面果膏、防潮糖粉、打发鲜奶油、黑巧克力片、草莓各适量

做法 1.用抹刀将打发鲜奶油均匀地抹在原味戚风蛋糕上，然后在蛋糕的侧面围上条纹形的黑巧克力片。2.在蛋糕表面用小夹子依次摆上草莓，可稍留一些空隙。3.在草莓空隙之间放上蓝莓等水果。4.把黑巧克力裁成棍状，轻轻地黏合在蛋糕体两边，然后再在上方放上一条黑巧克力，形成“桶柄”，用奶油粘好。5.在蛋糕表面的水果上，用刷子均匀地刷上适量的镜面果膏。6.最后在制作好的蛋糕上均匀地撒上适量的防潮糖粉。

新手注意 蛋糕表面摆放的草莓最好大小一致，绿叶不宜放太多。

土豆球蛋糕

工具 搅拌器、筛网、长柄刮板、烤模、烤箱

材料*3人份 低筋面粉150克，黄油80克，细砂糖60克，鸡蛋1个，泡打粉3克，盐少许，牛奶15毫升，捣碎的土豆80克，土豆球7～8个

做法 1.将捣碎的土豆加牛奶拌匀。2.将黄油和细砂糖倒入碗里，用搅拌器搅拌至颜色变灰。3.碗里倒入打好的鸡蛋，慢慢拌匀。4.把过筛了的低筋面粉、泡打粉和盐加进碗里，用长柄刮板拌匀后加入步骤1的土豆。5.在烤模中装一半量的面团，放上土豆球，排成一列。6.把剩下的面团盖上去稍加整理，再放进预热到180℃的烤箱里，烤35分钟至熟取出。

新手注意 刚煮熟的土豆比生的更易去皮，所以应趁放凉之前去除土豆皮。

柠檬马芬

工具 电动搅拌器、筛网、裱花袋、花嘴、剪刀、锡纸杯、烤箱

材料*3人份 糖粉100克，鸡蛋2个，黄油120克，泡打粉2克，低筋面粉120克，切碎的柠檬皮5克，打发鲜奶油适量

做法 1.将黄油、糖粉倒入碗中，用电动搅拌器打发，分两次加入鸡蛋继续打发，将低筋面粉、泡打粉一起过筛至碗中打发均匀，放入碎的柠檬皮打发至糊状。2.将打发好的面糊装入裱花袋中，分别挤入锡纸杯内。3.把锡纸杯放入烤盘，再放入上火170℃、下火160℃的烤箱，烤20分钟至熟，取出烤盘。4.把打发鲜奶油装入有花嘴的裱花袋中，将烤好的柠檬马芬装入盘中，挤入适量的打发鲜奶油即可。

新手注意 虽然这款蛋糕含油量较多，但吃起来没有太多油腻的感觉。

巧克力马芬蛋糕

工具 电动搅拌器、纸杯、裱花袋、剪刀、烤箱

材料*5人份 糖粉160克，鸡蛋4个，低筋面粉270克，牛奶40克，盐3克，泡打粉8克，溶化的黄油150克，可可粉8克

做法 1.将鸡蛋、糖粉、盐、黄油、过筛的低筋面粉和泡打粉倒入碗中，用电动搅拌器打发均匀。2.边打发边倒入牛奶，打发成面糊，加入可可粉，打发均匀。3.将面糊装入裱花袋中，把纸杯放入烤盘中，在裱花袋尖端部位剪开一个小口。4.往纸杯内挤入面糊至七分满，将烤盘放入上火190℃、下火170℃的烤箱，烤20分钟至熟。5.取出烤盘，再从烤盘中取出蛋糕即可。

新手注意 由于这款蛋糕中加了牛奶，所以蛋糕内部非常湿润。

马芬蛋糕

工具 电动搅拌器、筛网、纸杯、裱花袋、剪刀、烤箱

材料*5人份 糖粉160克，鸡蛋4个，低筋面粉270克，牛奶40毫升，盐3克，泡打粉8克，溶化的黄油150克

做法 1.将鸡蛋、糖粉、盐倒入碗中，用电动搅拌器打发均匀；倒入溶化的黄油打发均匀；将低筋面粉、泡打粉过筛至碗中继续打发至均匀。2.边打发边倒入牛奶，打发成面糊。3.将面糊倒入裱花袋中，在尖端部分剪开一个小口。4.把纸杯放入烤盘中，往纸杯内挤入面糊至七分满，将烤盘放入上火190℃、下火170℃的烤箱，烤20分钟至熟。5.取出烤盘，从烤盘中取出蛋糕即可。

新手注意 可以在蛋糕中加入浸泡过朗姆酒的葡萄干，蛋糕味道会更好。

抹茶马芬蛋糕

工具 电动搅拌器、纸杯、裱花袋、剪刀、烤箱

材料*5人份 糖粉160克，鸡蛋4个，低筋面粉270克，牛奶40克，盐3克，泡打粉8克，溶化的黄油150克，抹茶粉15克

做法 1.将鸡蛋、糖粉、盐、黄油、过筛的低筋面粉、泡打粉倒入碗中，用电动搅拌器打发均匀。2.边打发边倒入牛奶、抹茶粉，快速打发成面糊，装入裱花袋中。3.把纸杯放入烤盘中，在裱花袋尖端部位剪开一个小口，往纸杯内挤入面糊，约七分满。4.将烤盘放入烤箱，温度调成上火190℃、下火170℃，烤20分钟至熟。5.取出烤盘，再从烤盘中取出蛋糕即可。

新手注意 烘烤马芬蛋糕的温度需要高一点，这样可以保持组织的湿润，即便凉后也很松软，不至于干硬。

樱桃马芬

工具 电动搅拌器、筛网、裱花袋、剪刀、锡纸杯、花嘴、烤箱

材料*5人份 糖粉100克，鸡蛋2个，黄油120克，泡打粉2克，低筋面粉120克，切碎的柠檬皮5克，打发鲜奶油、樱桃各适量。

做法 1.将黄油倒入碗中用电动搅拌器打发，倒入糖粉打发均匀；加入一个鸡蛋打发均匀，再加入另一个鸡蛋继续打发。2.先将低筋面粉、泡打粉一起过筛至碗中，打发匀，放入切碎的柠檬皮，打发至糊状。3.将蛋糕糊装入裱花袋中，剪小口后挤入锡纸杯内。4.放入上火170℃、下火160℃的烤箱，烤20分钟至熟。5.蛋糕取出装入盘中，把奶油装入有花嘴的裱花袋中，用剪刀剪出小口，挤到蛋糕上，摆上樱桃即可。

新手注意 烤出来的马芬蛋糕松软湿润，除了樱桃口味，还可烤成其他口味，如蓝莓、蜂蜜、肉桂、巧克力味等。

樱桃起司

工具 蛋糕纸杯、电动搅拌器、烤箱

材料*2人份 奶酪200克，细砂糖50克，鸡蛋2个，蛋黄15克，玉米淀粉10克，鲜奶油25毫升，柠檬汁、樱桃各适量

做法 1.将鸡蛋、蛋黄、细砂糖、奶酪倒入容器中，用电动搅拌器搅拌均匀。2.加鲜奶油、玉米淀粉、柠檬汁到容器中，用电动搅拌器拌匀成蛋糕浆。3.将蛋糕纸杯放到烤盘上，再将蛋糕浆倒入蛋糕纸杯中至五分满。4.将樱桃去柄放到蛋糕浆上，烤箱调上火190℃、下火170℃预热。5.将烤盘放入预热好的烤箱中，烤15分钟至熟。6.烤好的蛋糕从烤箱中拿出即可。

新手注意 樱桃可以换作其他口感清新、颜色漂亮的水果，比如草莓、蓝莓等。

黄金乳酪

工具 电动搅拌器、蛋糕纸杯、烤箱

材料*2人份 奶酪200克，细砂糖100克，蛋白100克，酸奶60毫升，植物鲜奶油50毫升，玉米淀粉25克，朗姆酒适量

做法 1.将蛋白、细砂糖倒入容器中，用电动搅拌器快速打发至起泡。2.奶酪倒入容器中，加入玉米淀粉、植物鲜奶油、酸奶，用电动搅拌器拌匀。3.加入朗姆酒拌匀成蛋糕浆，将蛋糕纸杯装入烤盘中。4.将蛋糕浆倒入蛋糕纸杯中至五分满，烤盘放入烤箱中。5.将烤箱调上火190℃、下火170℃，烤20分钟至熟，取出烤盘，烤好的蛋糕装盘即可。

新手注意 这款黄金乳酪蛋糕的组织会比较绵密有弹性，但是蛋糕也不至于过于湿烂，吃起来口感非常好。

QQ雪卷

工具 搅拌器、电动搅拌器、木棍、蛋糕刀、烤箱、平底锅

材料*3人份 细砂糖155克，色拉油30毫升，水115毫升，低筋面粉130克，玉米淀粉15克，蛋黄65克，蛋白175克，塔塔粉2克，鸡蛋2个，黄油60克，果浆适量

做法 1.将40毫升水、色拉油、20克细砂糖、70克低筋面粉、玉米淀粉、蛋黄用搅拌器拌匀；将75克细砂糖、蛋白、塔塔粉用电动搅拌器打发至鸡尾状；将二者混匀成蛋糕浆。2.倒入烤盘，放入上下火170℃的烤箱烤15分钟。3.将60克细砂糖、鸡蛋、60克低筋面粉、黄油、75毫升水拌匀成面糊。4.在蛋糕上均匀抹上果酱，用木棍将其卷起，再用刀切段。5.将面糊煎至金黄，蛋糕入锅卷起即可。

新手注意 **这款蛋糕如果加上用打发的淡奶油和蛋黄奶油霜做成的馅，会很美味。**

Part 3 超人气香浓面包

花式百样的面包，无论是作佐餐，还是作为小食点心，已经完完全全地融到我们的日常生活中。虽然分类方法不同，但就整体的质地和口感而言，可以将面包分为软式面包、硬式面包两大类。

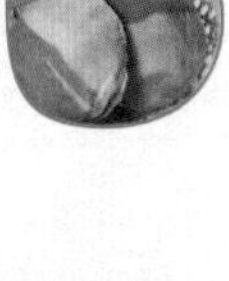

软式面包

为什么有那么多人喜爱软式面包呢？原来它不仅外形好看，而且味道香甜。这类面包因使用到的柔软材料（如糖、油、蛋）比较多，所以吃起来口感柔软、风味独特。

番茄面包

工具 长柄刮板，刮板，保鲜膜，小酥棍，刷子，烤箱

材料*3人份 大米粉200克，橄榄油10毫升，细砂糖10克，快速活性干酵母4克，盐3克，小番茄、迷迭香、温水各适量

做法 1.将大米粉、酵母、细砂糖、橄榄油、温水混合，加盐，用长柄刮板搅匀，揉成面团。2.将面团反复揉10～15分钟后，再用刮板分成3份，铺上保鲜膜，发酵10分钟。3.用小酥棍把面团擀平，入烤盘，铺上保鲜膜，发酵40分钟。4.发酵好后，将面团用刷子刷上橄榄油，压坑，放上小番茄和迷迭香，放入烤盘，再入190～200℃的烤箱烤30分钟。

新手注意 若没有番茄或迷迭香，可以试着用别的食材替代，如用切好的蒜代替，面包的味道也相当不错。

巧克力槽子面包

工具 搅拌器、筛网、烤模、奶锅、烤箱

材料*2人份 蛋白60克，细砂糖30克，低筋面粉20克，可可粉2克，玉米淀粉3克，杏仁粉30克，黄油30克，溶化的黑巧克力30克，开心果少许

做法 1.用搅拌器把蛋白打散后，再加入细砂糖搅拌均匀。2.加入低筋面粉、可可粉、玉米淀粉、杏仁粉，继续搅拌均匀成面糊。3.倒入溶化的黑巧克力，用搅拌器搅拌均匀；把黄油放入奶锅，煮至变成褐色，用筛网过滤后，倒进面糊内，用搅拌器搅拌匀后揉成面团。4.把做好的面团填到备好的烤模里，再撒上备好的开心果，放到预热至190℃的烤箱里，烤15～20分钟即可食用。

新手注意 制作这款面包要使用低筋面粉，这种面粉做出的面包不膨发。

地瓜面包

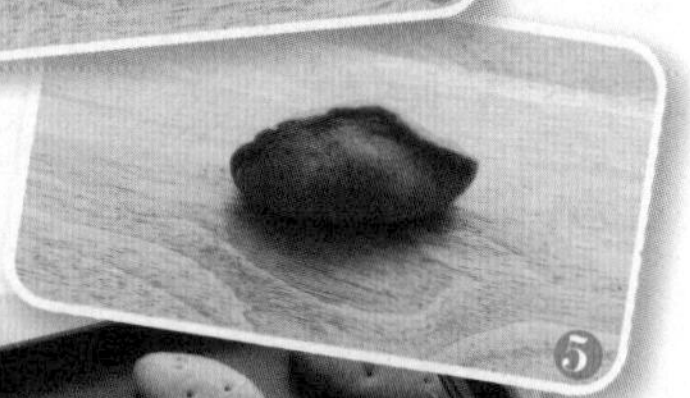

工具 勺子、刮板、保鲜膜、擀面杖、筷子、烤箱

材料*4人份 熟地瓜300克，蜂蜜20克，生奶油1大匙，高筋面粉190克，紫色地瓜粉10～15克，牛奶70克，黄油20克，快速活性干酵母3克，盐2克，细砂糖20克

做法 1.熟地瓜去皮，取肉，用勺子捣烂，再加蜂蜜和生奶油和匀成馅。2.将高筋面粉、紫色地瓜粉、酵母、盐、细砂糖、牛奶、黄油混匀，揉成团，放入碗中，盖上保鲜膜，放到温暖地方进行35～40分钟的第一轮发酵。3.用手把面团里的气体压出来，再用刮板将面团分成8份，揉成球状，放到室温下进行10分钟左右的二次发酵。4.二次发酵结束后，用擀面杖把面团擀开，把步骤1中做好的馅舀一勺放上去。5.将面团捏成地瓜状，注意不要让馅漏出来，用蘸了面粉的筷子在生坯上戳洞。6.放入烤盘发酵40分钟后，放到预热至190℃烤箱，烤20～25分钟即可。

新手注意 地瓜可以提前用烤箱烤熟，或用蒸笼蒸熟。

甜南瓜面包

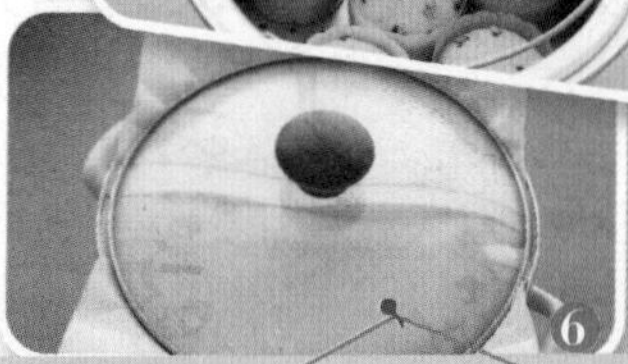

工具 保鲜膜、微波炉、蒸锅、叉子、棉布、松饼杯

材料*3人份 高筋面粉75克，低筋面粉75克，快速活性干酵母3克，泡打粉3克，细砂糖20克，盐2克，黄油10克，蛋黄15克，甜南瓜70克，红豆30克

做法 1.甜南瓜去皮切块，盛入耐热碗，盖上保鲜膜，放到微波炉里加热5分钟，然后用叉子捣烂。2.将高筋面粉、低筋面粉、酵母、泡打粉、细砂糖、盐、黄油、蛋黄混匀，揉成团，再加入冷却的甜南瓜泥，揉15分钟，加红豆和匀。3.将面团放到碗里，发酵到原来的两倍大，再把面团分成7份，做成球状，发酵10分钟。4.再次一边把面团搓成球状，一边把里面的气体排出去，之后再把面团一个个装到松饼杯里。5.把松饼杯放到蒸锅里，盖上锅盖，进行40分钟的第二轮发酵。6.锅上先铺一层棉布，再盖上盖子，用大火蒸10～12分钟即可。

新手注意 在制作面包之前，红豆用糖和水煮熟备用。

番茄热狗丹麦面包

工具 电动搅拌器、保鲜膜、擀面杖、量尺、刷子、刀、烤箱

材料*6人份 高筋面粉425克，低筋面粉50克，细砂糖50克，酵母6克，改良剂2克，蛋黄25克，鲜奶40毫升，番茄汁180克，食盐8克，奶油35克，片状马琪琳250克，热狗肠、芝士条各适量

做法 1.将高筋面粉、低筋面粉、细砂糖、酵母、改良剂、蛋黄、鲜奶、番茄汁、食盐混合，用电动搅拌器拌为八九成的面筋。2.将面筋用保鲜膜包好，冷冻30分钟，用擀面杖擀开，放片状马琪琳、奶油后包好，再用擀面杖擀开，叠三层，再包保鲜膜，冷藏30分钟，反复3次。3.用量尺量出9厘米的面块，用刀划下，再用刀从中间划开拉长，卷入热狗肠，发酵65分钟。4.用刷子刷上蛋液，再用刀从中间切开，放上芝士条，入上火190℃、下火160℃的烤箱烤熟即可。

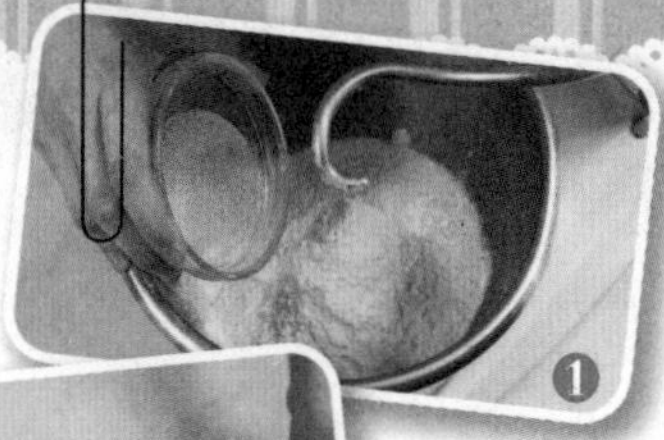

新手注意 在制作面包的过程中，将热狗肠卷入面块中成形时，不要卷得太紧，以免饧发时面块表面出现断裂。

甘纳和风面包

【工具】搅拌器、裱花袋、剪刀、烤箱

【材料*6人份】高筋面粉500克，酵母5克，细砂糖100克，鸡蛋1个，奶粉20克，奶油65克，盐、蛋糕油、水各适量，糖粉、蛋白、低筋面粉各40克，抹茶粉7克，豆豉适量

【做法】1.将糖粉、奶油、蛋白、低筋面粉各取20克混匀，用搅拌器拌成奶油面糊；将糖粉、蛋白、奶油、低筋面粉各取20克与抹茶粉、部分豆豉混合，用搅拌器拌成抹茶面糊；两种面糊分别装入裱花袋，用剪刀剪出小口。2. 325克高筋面粉加酵母、水拌匀，发酵90分钟，再加细砂糖、鸡蛋和水拌至糖溶化。3.在步骤2的材料中加入175克高筋面粉、奶粉、奶油、盐、蛋糕油拌匀，发酵20分钟成面团。4.将面团分成60克每个，滚圆，饧20分钟后压扁，包入剩余豆豉，发酵75分钟；面团挤上奶油面糊和抹茶面糊，放入烤箱，以上火185℃、下火160℃烤15分钟。

①

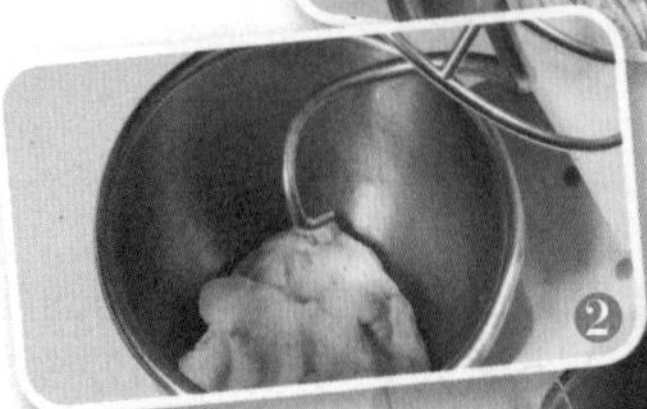
②

③

④

新手注意：在搅拌面糊时，两个面糊都不要搅拌起筋。

法国羊角面包

工具 保鲜膜、擀面杖、烘焙纸、烤箱

材料*3人份 高筋面粉250克，酵母10克，细砂糖、黄油、鸡蛋各适量，盐少许

做法 1.酵母用温水溶解，与高筋面粉、细砂糖、鸡蛋、盐混合，揉成团，包保鲜膜，发酵至2～2.5倍大。2.用擀面杖将面团擀成面片，将少许黄油放在面片中间，再将两边的面片折过来，包起，然后擀平，再折起来，擀平，操作几次后入冰箱，静置2小时。3.取出面团，用擀面杖擀成大圆饼，切成12个扇形，然后从宽的地方朝尖尖的地方卷，尖朝下铺在垫着烘焙纸的烤盘里。4.再将做好的生坯发酵20分钟，刷上鸡蛋液，放入烤箱烤熟即可。

新手注意 羊角面包只能纯手工制作，并且需要对烘烤的火候有十分精妙的把握，如此烤出的面包才能特别酥松柔软。

橄榄面包

工具 刮板、擀面杖、刀、烤箱

材料*4人份 红糖粉30克，奶粉6克，蛋白、黄油各20克，水60毫升，改良剂1克，酵母3克，高筋面粉200克，细砂糖10克，盐2.5克，牛奶20毫升，焦糖4克，提子干适量

做法 1.将酵母、奶粉、改良剂倒在装有高筋面粉的碗中混匀，再倒在操作台上，用刮板开窝；把细砂糖、40毫升水倒在窝中拌匀，放入红糖粉，用刮板拌匀。2.加入焦糖、20毫升水、牛奶、蛋白、盐拌匀，揉好。3.加黄油，按压，揉成团。4.取两个10克的面团，揉圆，擀平，底端压平，铺上提子干。5.卷成橄榄形，发酵至2倍大，用刀在发酵好的生坯上划几道口子，放入烤盘。6.入烤箱190℃烤15分钟即可。

新手注意 用刀在发酵好的生坯上划几道口子后再放到烤箱里烘烤，该部分的面会裂开，样子很好看。

花式水果面包圈

工具 保鲜膜、擀面杖、天使蛋糕模具、刷子、烤箱

材料*4人份 高筋面粉200克，牛奶105克，黄油25克，细砂糖20克，快速活性干酵母4克，盐2克，蛋黄1个，果脯（黄梅干、蔓越莓干、草莓干）65克

做法 1.将高筋面粉、牛奶、黄油、细砂糖、快速活性干酵、盐、蛋黄混匀和成面团，揉10～15分钟后把果脯放进去，再揉5分钟，把面团装到搅拌碗里，盖上保鲜膜，进行35～40分钟的第一轮发酵。2.发酵完后，将其分成6份，在表面铺上保鲜膜，进行5～10分钟的二次发酵，然后用擀面杖擀平，在面皮的1/3处打折捏稳。3.再搓条，并打结，把面团装到天使蛋糕模具里面，发酵40分钟。4.待面团膨胀后，用刷子刷上牛奶，再适当撒上蔓越莓干，然后放入预热到190℃的烤箱中，烤25～30分钟，脱模即可。

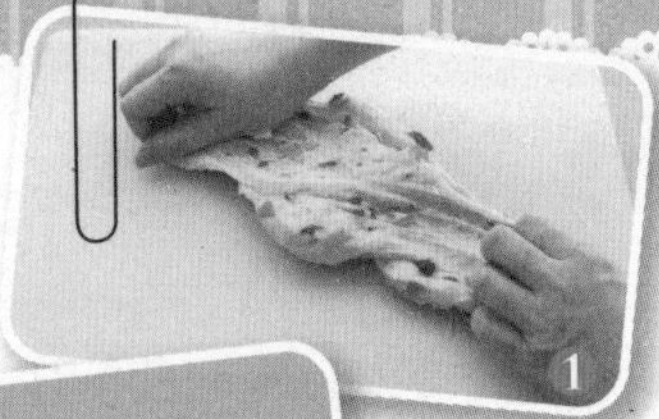
1

2

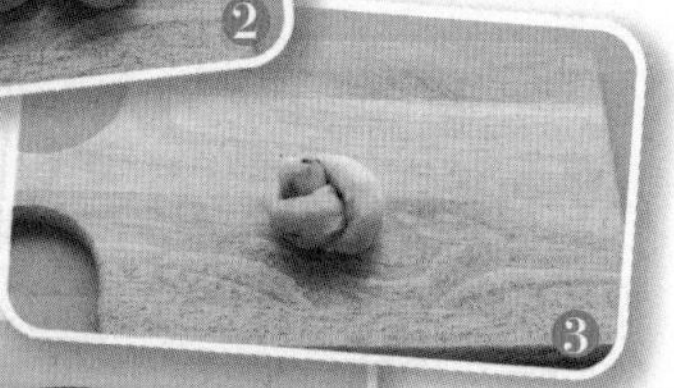
3

4

新手注意 提前把牛奶和黄油放到室温下。

咖啡奶香包

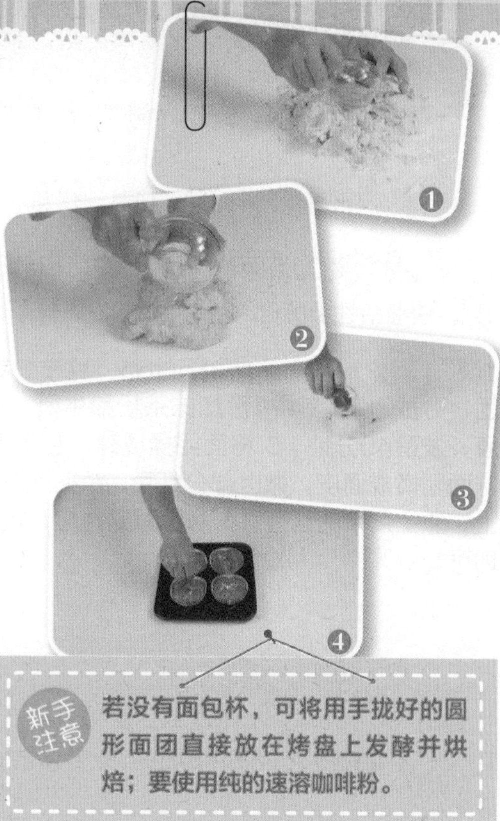

工具 搅拌器、刮板、保鲜膜、电子秤、面包杯、烤箱

材料*6人份 高筋面粉500克，黄油70克，奶粉20克，细砂糖100克，盐5克，鸡蛋1个，水200毫升，酵母8克，咖啡粉5克，杏仁片适量

做法 1.将细砂糖、水倒入容器中，用搅拌器搅拌至细砂糖全部溶化；将高筋面粉、酵母、奶粉倒在操作台上，用刮板开窝，往窝中倒入溶化后的糖水，再盖上面粉，搅拌并按压成形，加入鸡蛋，揉搓成面团。2.将面团拉平，倒入黄油、盐，揉匀，用保鲜膜将面团包好，静置10分钟，用电子秤称出每60克一个的小面团。3.面团加咖啡粉，按压揉匀，再用刮板分成4个面团揉匀，每个再分成4个均等的面团，并揉圆，放入面包杯，入烤盘发酵90分钟。4.把杏仁片撒在发酵好的面包上，放入烤盘，以190℃烤10分钟即可。

新手注意 **若没有面包杯，可将用手拢好的圆形面团直接放在烤盘上发酵并烘焙；要使用纯的速溶咖啡粉。**

红豆抹茶面包

工具 保鲜膜、擀面杖、模具、烤箱

材料*4人份 高筋面粉200克，牛奶125克，蜂蜜10克，黄油15克，细砂糖15克，盐2克，快速活性干酵母3克，红豆35克，抹茶粉3克，牛奶5毫升

做法 1.将高筋面粉、牛奶、蜂蜜、黄油、细砂糖、盐、酵母混合均匀，揉成团，分成2份；其中1份加抹茶粉和牛奶，做成抹茶面团。2.两个面团分别盖上保鲜膜，发酵40分钟。3.将面团揉成球，包上保鲜膜，再发酵10分钟。4.用擀面杖把原味面团擀成面皮，撒上部分红豆。5.把抹茶面团擀成同样大小的面皮，铺在原味面皮上，撒上剩余的红豆。6.两层面皮卷起，入模具发酵，然后入180℃的烤箱烤30分钟即可。

新手注意 和抹茶面团用的牛奶和抹茶粉是另外放的，先放在一边。

酥皮板栗面包

工具 长柄刮板、保鲜膜、擀面杖、模具、刷子、烤箱

材料*3人份 高筋面粉200克，鸡蛋1个，蜂蜜20克、黄油90克，水、盐适量，细砂糖45克，干酵母3克，板栗罐头100克，杏仁粉25克，低筋面粉50克

做法 1.将35克黄油加糖、杏仁粉、低筋面粉和盐用刮板拌匀，制成酥皮，包上保鲜膜后入冰箱冷藏。2.将高筋面粉、鸡蛋、蜂蜜、黄油、水、细砂糖、酵母混匀后和成团，发酵40分钟，揉成球状后包上保鲜膜发酵10分钟。3.面团用擀面杖擀出与模具相配的大小，舀上板栗后卷起。4.入模具，二次发酵40分钟。5.用刷子将鸡蛋搅成液，刷在面团上，撒酥皮，入烤箱以180℃烤25分钟。

新手注意 板栗用板栗罐头或是生板栗去皮后加糖煮好均可。

香芹卷

【工具】搅拌器、刮板、刷子、保鲜膜、擀面杖、烤箱

【材料*4人份】高筋面粉200克，脱脂奶粉5克，香芹粉3克，细砂糖15克，盐2克，黄油5克，快速活性干酵母3克，水125毫升

【做法】1.在高筋面粉和香芹粉中加入酵母、奶粉、细砂糖、盐、水，用搅拌器拌至结团后再加软的黄油和匀，揉15分钟。2.碗壁用刷子刷上黄油，放入圆面团，盖上保鲜膜，发酵40分钟，压出面团里的气体后，用刮板分好。3.分好的面团底部用手拢起，做成圆球，盖上保鲜膜，发酵10分钟，然后用擀面杖擀平，搓成长条状。4.将长条状的面团交叉叠起，短边往底部折，再从窟窿里拉出，做成纽扣的形状，再与另一边的面团搭起来收尾，发酵40分钟，放入烤盘，再入190℃的烤箱烤15分钟即可。

新手注意：温度不同，用相同的方法做出来的面团韧性也会有差别，因此请注意加减水的量。

情丝面包

工具 刮板、保鲜膜、小酥棍、刀、烤箱

材料*5人份 高筋面粉420克，黄油55克，奶粉22克，细砂糖100克，盐6克，鸡蛋2个，水188毫升，酵母9克，低筋面粉30克，片状酥油70克

做法 1.将50克细砂糖加水拌匀成糖水，250克高筋面粉用刮板开窝，加入4克酵母、10克奶粉、糖水、1个鸡蛋混合，揉成团。2.再加入35克黄油、3克盐，揉匀，盖上保鲜膜静置10分钟后，压平，卷成橄榄形面团。3.将剩余的高筋面粉、低筋面粉、细砂糖、黄油、奶粉、盐、酵母、水、鸡蛋拌匀，揉成丹麦面团。4.取片状酥油，用小酥棍擀薄；将丹麦面团擀成面皮，放入酥油片，折叠，擀平，放入冰箱冷藏10分钟，取出，用小酥棍擀平，此操作重复两遍，再把丹麦面皮用刀切成4份，放到步骤2的面团上，发酵后入190℃的烤箱烤15分钟即可。

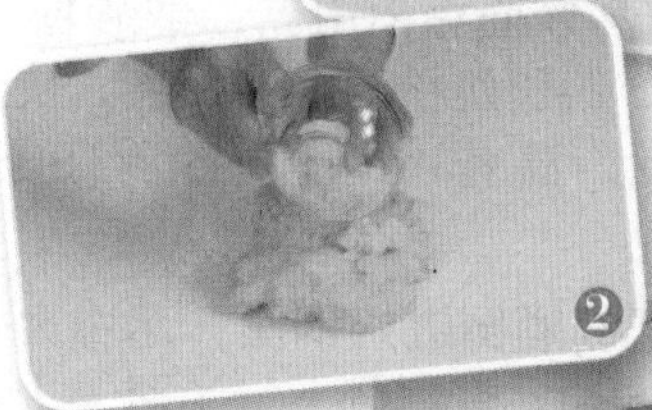

新手注意 如果天气较热，面团就可放在室温下发酵；如果天气较冷，就要找一个相对温暖的环境来发酵面团。

红酒面包

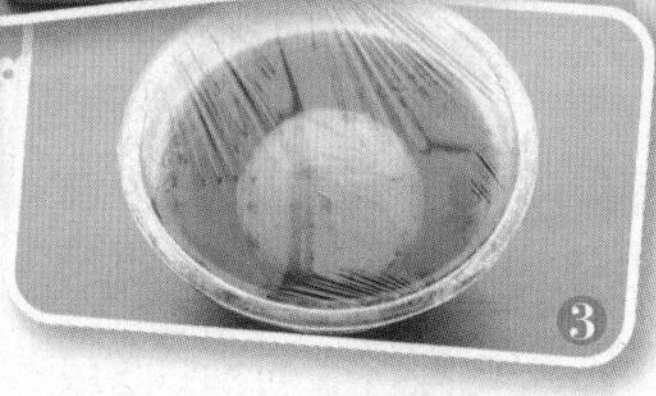

工具 奶锅、保鲜膜、模具、烤箱

材料*2人份 高筋面粉200克，细砂糖20克，黄油20克，脱脂奶粉8克，盐2克，快速活性干酵母4克，温水30毫升，红酒180毫升，蓝莓干45克

做法 1.把红酒倒进奶锅里，用中火煮开，把酒精挥发掉，煮到剩下一半时关火冷却。2.把冷却后的红酒与高筋面粉、细砂糖、黄油、脱脂奶粉、盐、酵母、温水倒在一起揉，面和到差不多时，放入蓝莓干。3.面和好后，把面团装到碗里，盖上保鲜膜以免变干，再放到适中的温度下，进行40分钟左右的第一轮发酵。4.面团膨胀到2倍大时，第一轮发酵结束。5.把面团分成均等的4份，做成球状后，进行5～10分钟的二次发酵。6.再做成球并装到模具里，进行40分钟的第三轮发酵，结束后放到预热至200℃的烤箱里，烘焙15分钟即可。

新手注意 选择中低价位的红酒要比选择高价位的性价比高。

玉米面包

1

2

3

工具 保鲜膜、擀面杖、模具、裱花袋、剪刀、烤箱

材料*2人份 高筋面粉200克，黄油20克，蛋黄25克，牛奶90～100毫升，细砂糖20克，盐2克，罐装玉米130～150克，蛋黄酱30～40克，快速活性干酵母3克

做法 1.将高筋面粉、黄油、蛋黄、牛奶、细砂糖、盐、酵母混合拌匀揉成团，盖上保鲜膜，发酵35～40分钟。2.用手把面团里的气体压出来。3.将面团分成5～6份，做成球状，在上面盖上保鲜膜防止水分流失，进行5～10分钟的二次发酵。4.将去除水分的玉米粒和蛋黄酱拌匀；用擀面杖把面团擀平，把里面剩余的气体压出。5.模具中装上擀平的面皮，把玉米粒撒在上面，再放到温暖地方发酵40分钟。6.把蛋黄酱装到裱花袋里，用剪刀剪出一个小口，在面皮上挤上“之”字形的蛋黄酱，再放入预热到180～190℃的烤箱中，烘焙25～30分钟即可。

4

5

6

新手注意 若没有罐装玉米，可以用一般的蒸熟玉米替代。

沙拉棒

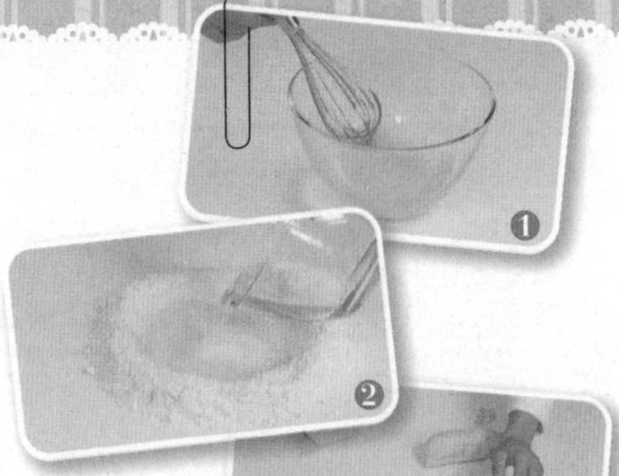

工具 刮板、保鲜膜、电子秤、擀面杖、烤箱

材料*4人份 高筋面粉500克，黄油70克，奶粉20克，细砂糖100克，盐5克，鸡蛋1个，水200毫升，酵母8克，沙拉酱适量，白芝麻少许

做法 1.将细砂糖、水倒入容器中，拌匀成糖水。2.将高筋面粉、酵母、奶粉倒在操作台上，用刮板开窝，倒入糖水，盖上粉末，按压成形；加入鸡蛋，揉成团，再拉平；往中间倒黄油，揉匀，撒上盐，搓成光滑面团；用保鲜膜包好，静置10分钟来饧面。3.用电子秤称出60克一个的小面团，擀薄，卷起呈长棒形状，放入烤盘发酵；发酵好后横向挤上沙拉酱，撒上白芝麻，入烤箱以上下火190℃烤15分钟至熟。4.从烤箱中取出烤盘，将烤好的沙拉棒装入盘中即可。

新手注意 制作沙拉棒时，做好的面团先用保鲜膜包好，然后饧面，这样烘烤出来的面包口感才会更好。

大米麻花甜甜圈

工具 保鲜膜、长柄刮板、塑料袋、烤箱

材料*3人份 制饼用的大米粉200克，温牛奶160克，葡萄籽油10克，细砂糖15克，快速活性干酵母4克，盐3克，糖、肉桂粉各适量

做法 1.将大米粉、细砂糖和快速活性干酵母放入搅拌碗，加盐搅拌均匀后，加温牛奶和葡萄籽油。2.用长柄刮板拌匀步骤1的材料，再把其和成一团，揉10～15分钟，用刮板把面分成9份，盖上保鲜膜，发酵10分钟，再把面搓成20厘米长的长条，拧成麻花的形状。3.把拧好的面团放到烤盘上，进行40分钟的发酵后，放到预热至190℃的烤箱中，烤25～30分钟。4.把糖和肉桂粉装入塑料袋，再把烤好的麻花面包圈放进去摇一摇，使糖和肉桂粉均匀地粘在上面即可食用。

新手注意 可用圆形甜甜圈的形状替代麻花的形状，在中间发酵完后，把面团擀宽一些，用甜甜圈模具压出形状。

芝士吐司片

工具 烤箱、案板

材料*1人份 白吐司 2片，芝士片1片，酱油1小勺，黄油2~3克，海苔松适量

做法 1.往吐司片上淋一些酱油，然后放上芝士片，再把两片吐司片合起来。2.将合起来的吐司片放入预热好的烤箱中，以上下火230℃烤3分钟。3.取出吐司片，趁热在上面薄薄地抹一层黄油。4.将烤好的吐司片切成几个小方片。5.将海苔松均匀洒在切开的小方片上。

新手注意 将吐司片从烤箱中取出来后，要趁热立即抹黄油，以利于吐司片对黄油的吸收。

加州吐司

工具 搅拌器、刮板、保鲜膜、吐司模、刷子、擀面杖、烤箱

材料*2人份 高筋面粉500克，黄油70克，奶粉20克，细砂糖100克，盐5克，鸡蛋1个，水200毫升，酵母8克，朗姆酒10毫升，葡萄干20克，蜂蜜适量

做法 1.将细砂糖、水用搅拌器拌匀成糖水；将高筋面粉、酵母、奶粉倒在操作台上，用刮板开窝，倒入糖水、鸡蛋揉成团。2.将面团拉平，倒入黄油、盐，揉成光滑面团，用保鲜膜包好饧面。3.从面团中取一个350克的小面团。4.葡萄干用朗姆酒浸泡5分钟。5.用擀面杖将面团擀平，放入泡发的葡萄干并铺平，卷起后入吐司模，发酵90分钟，入烤箱以上火160℃、下火220℃烤25分钟。6.取出脱模后装盘，刷上蜂蜜即可。

新手注意 将揉光滑的面团用保鲜膜包好，放置一边饧10分钟，这样面团会更有韧性。

菠萝包

工具 刮板、擀面杖、刷子、竹签、烤箱

材料*3人份 高筋面粉500克，黄油107克，奶粉20克，细砂糖200克，盐5克，鸡蛋1个，蛋黄液50克，水215毫升，酵母8克，低筋面粉125克，泡打粉2克

做法 1.将100克细砂糖、200毫升水用搅拌器拌匀成糖水；将高筋面粉、酵母、奶粉倒在操作台上，用刮板开窝，倒入糖水、鸡蛋揉匀成面团。2.将面团拉平，倒入70克黄油、盐揉匀。3.将面团分成每60克一个的小面团，搓圆，入烤盘发酵90分钟。4.低筋面粉倒在操作台上开窝，倒入15毫升水、100克细砂糖、37克黄油揉成面团。5.取适量面团，用擀面杖擀薄，放在发酵好的步骤3的面团上，刷蛋黄液，用竹签画十字花，入烤箱以上下火190℃烤15分钟即可。

新手注意 为了检验面团是否揉好，可取一小块，慢慢地抻开，不破即可。

牛角包

工具 刮板、擀面杖、刀、烤箱

材料*1人份 高筋面粉500克，黄油70克，奶粉20克，细砂糖100克，盐5克，鸡蛋1个，水200毫升，酵母8克，白芝麻少许

做法 1.将细砂糖、水用搅拌器拌匀成糖水；将高筋面粉、酵母、奶粉倒在操作台上，用刮板开窝，倒入糖水、鸡蛋揉成团。2.将面团拉平，倒入黄油、盐，揉成光滑的面团。3.将面团分成每60克一个的小面团，搓圆，用擀面杖将面皮一边擀薄，另一边不动。4.在面皮前端，用刀从中间切个小口，慢慢地折叠过来，搓成长条，把头、尾部分连起来，围成一个圆圈，制成牛角包生坯，放入烤盘，自然发酵90分钟。5.撒上白芝麻，入烤箱以190℃烤15分钟即可。

新手注意 **制好的面包生坯一定要发酵，否则在烘烤的过程中容易变形。**

美式甜甜圈

工具 搅拌器、擀面杖、甜甜圈模具、锅

材料*5人份 植物油、水适量，高筋面粉300克，细砂糖30克，酵母9克，蛋黄20克，黄油30克，糖粉6克，牛奶130毫升，盐2克

做法 1.将高筋面粉、细砂糖、酵母、盐、糖粉、牛奶和水放入容器中，用搅拌器搅拌均匀。2.加入黄油，继续搅拌至扩展阶段，发酵1小时。3.将面团揉至光滑，排除面团中的空气，松弛15分钟后用擀面杖擀成约1厘米厚的片状。4.用甜甜圈模具按压面团，再沾上高筋面粉，将生坯发酵至2倍大。5.热锅注油，烧至七八成热，放入生坯以中小火炸1.5～2分钟，捞出沥油。6.放凉后再撒上糖粉即可。

新手注意 甜甜圈上可以撒上一些干果，如花生碎，味道会更好。

奶油面包

工具 搅拌器、刮板、保鲜膜、擀面杖、白纸、蛋糕刀、刷子、烤箱

材料*1人份 高筋面粉500克，黄油70克，奶粉20克，细砂糖100克，盐5克，鸡蛋1个，水200毫升，酵母8克，蜂蜜、椰丝、打发鲜奶油各适量

做法 1.将细砂糖、水用搅拌器拌匀成糖水；将高筋面粉、酵母、奶粉倒在操作台上，用刮板开窝，倒入糖水、鸡蛋揉成团。2.将面团拉平，倒入黄油、盐，揉成光滑面团，用保鲜膜包好饧10分钟。3.将面团分成每60克一个的小面团，搓圆，用擀面杖擀平，横向卷起，放入烤盘发酵90分钟，再入烤箱以190℃烤15分钟。4.取出放在白纸上，用蛋糕刀在面包中间切一刀，刷上蜂蜜，沾上椰丝。5.在面团被切开的部位挤入打发鲜奶油即可。

新手注意 用蛋糕刀在面包中间横向切一刀的时候，切记不能切断。

硬式面包

在欧洲，人们经常把面包当成主食，尤其偏爱充满嚼劲的“硬面包”，其表皮松脆香醇，内部柔软又具韧性，还有一股浓郁的麦香，愈嚼愈有味道。

意式烤面包

工具 刀、烤箱、木勺子

材料*2人份 法棍面包1条，薄荷叶、青椒、红色甜椒、黄色甜椒、洋葱、香菜粉、橄榄油、柠檬汁、盐、白胡椒粉各适量，奶油20克，捣碎的大蒜5克，捣碎的香菜粉5克

做法 1.用刀将面包切成均匀的片状；再将奶油、捣碎的大蒜和香菜粉用木勺子搅拌均匀，制作成香蒜奶油。2.将切好的面包片涂上香蒜奶油后，放入烤箱以190℃烘烤5～8分钟。3.将青椒、红色甜椒、黄色甜椒、洋葱均洗净切丁，用冷水浸泡后将水分沥干。4.将所有蔬菜放入碗中，加香菜粉、橄榄油、柠檬汁、盐、白胡椒粉拌匀，制成佐料，和法棍面包一起入盘，用薄荷叶装饰即可。

新手注意 食用意式烤面包的时候，可伴随甜热饮或葡萄酒，也可伴随奶油、蛋或甜酒食用。

司康饼

工具 刀、筛网、擀面杖、圆模具、刷子、烤箱

材料*3人份 低筋面粉320克，泡打粉、糖粉、蛋黄、葡萄干、鲜奶、任何口味果酱、奶油各适量

做法 1.将奶油置于室温中软化，用刀切成丁，蛋黄、鲜奶混合后调匀。2.低筋面粉、泡打粉、糖粉用筛网筛入钢盆中，加奶油丁混匀，再加入拌好的蛋黄鲜奶和葡萄干揉成面团，冷藏30分钟，备用。3.取出面团，用擀面杖擀成面皮，用圆模具压成圆片；间隔排入烤盘中，圆片表面用刷子刷上适量步骤1的蛋黄，放入烤箱中烤至金黄色取出。4.将每个饼从中间横切开，夹入果酱即可食用。

新手注意 **将材料揉成面团时，不要过度揉捏，揉到面团表面光滑即可。过度揉捏会导致面筋生成过多，影响口感。**

长棍面包

工具 刮板、模具、发酵箱、刀、烤箱

材料*5人份 高筋面粉150克，全麦粉500克，酵母23克，改良剂8克，乙基麦芽酚10克，清水1300毫升，盐43克，奶油适量

做法 1.将高筋面粉和全麦粉混合均匀，加入酵母、改良剂、乙基麦芽酚后继续搅拌均匀，再放入清水、盐后混匀，用刮板搅拌至面筋扩展，将发酵箱调至温度28℃、湿度75%，进发酵箱发酵30分钟。2.将发酵好的面团用刮板分割为300克每个，把面团饧20分钟。3.饧好的面团用手压扁，排出面里面的气体，再用手将其搓成长面团。4.将搓好的长面团放入备好的模具中，再放进发酵箱里，温度35℃，湿度80%，饧发90分钟。5.饧发好的面团用刀划上几刀，挤上适量奶油，喷上少量的水。6.模具放入烤箱烘烤，温度调成上火250℃、下火200℃，约烤28分钟至熟即可。

新手注意 法式长棍面包的特色是表皮松脆，内部柔软。

小法棍面包

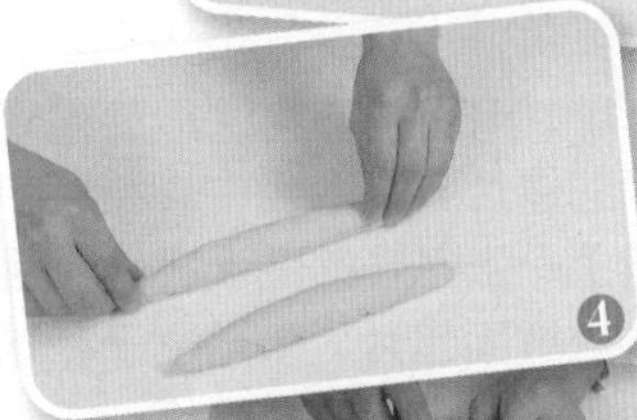

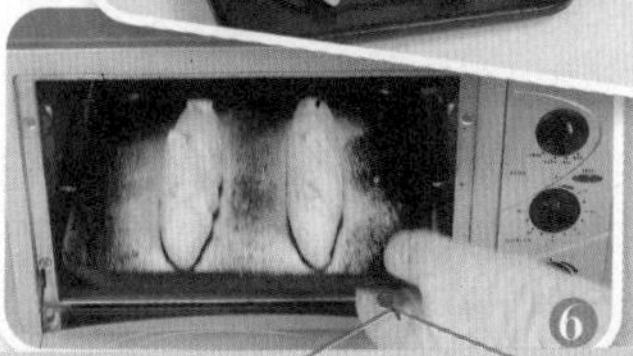

工具 刮板、电子秤、木棍、小刀、筛网、烤箱

材料*4人份 鸡蛋1个，黄油20克，高筋面粉250克，干酵母3克，盐适量，水80毫升

做法 1.将干酵母、盐倒入装有高筋面粉的碗中拌匀，拌好后倒在操作台上，用刮板开窝。2.往窝中放入鸡蛋、水，按压，拌匀，加入黄油，继续按压，拌匀，制成面团，将面团饧10分钟。3.面团揉搓成长条状，用电子秤称出4个每个100克的小面团。4.将4份小面团，分别用木棍压扁，卷起，再揉搓一下，呈长条状。5.用小刀分别在上面划一刀，发酵120分钟。用筛网过筛高筋面粉至发酵好的面团上，抹上黄油。6.入烤箱，烤箱温度调成上下火200℃，烤20分钟至熟，从烤箱中取出烤盘，装盘即可。

新手注意 在发酵好的面团上抹上适量的黄油，可让面包更松脆。

烤法棍片

工具 面包刀、高温布、刷子、烤箱

材料*2人份 法棍面包1个，黄油、细砂糖各适量

做法 1.用面包刀将法棍面包切成大小均等的厚片，装入盘中，待用；在烤盘上铺上一张备好的高温布，然后放上切好的法棍面包片。2.用刷子在切好的法棍面包片上刷上适量的黄油，然后在其表面上撒入适量的细砂糖，并放入烤盘中。3.事先将烤箱预热好，把装有法棍片的烤盘放入烤箱中，烤箱温度调成上下火180℃，烤5~10分钟，至法棍片呈金黄色。4.烤好后取出法棍面包片，将其装入盘中，稍微放凉后，即可食用。

新手注意 可在黄油中加法香和蒜泥，混合后涂到法棍片上，再放入烤箱中烘烤，成品味道会更加美味、丰富。

红豆司康

工具 刮板、保鲜膜、模具、刷子、烤箱

材料*5人份 黄油60克，糖粉60克，盐1克，低筋面粉50克，高筋面粉250克，泡打粉12克，牛奶125毫升，红豆馅30克，蛋黄液15克

做法 1.将低筋面粉及高筋面粉倒在操作台上，用刮板在中间开窝，往窝中倒入牛奶，把泡打粉倒在面粉周围。2.再倒入盐、糖粉、黄油混合，按压，搅拌均匀，把红豆馅放在面粉上，揉搓成面团。3.用保鲜膜将面团包好，入冰箱冷藏30分钟左右，取出面团，用手按压，撕掉保鲜膜，将模具放在面团上按压一下，制成圆形面团，放入烤盘。4.用刷子在面团上刷上蛋黄液，将烤盘放入上下火180℃的烤箱内，烤15分钟至熟即可。

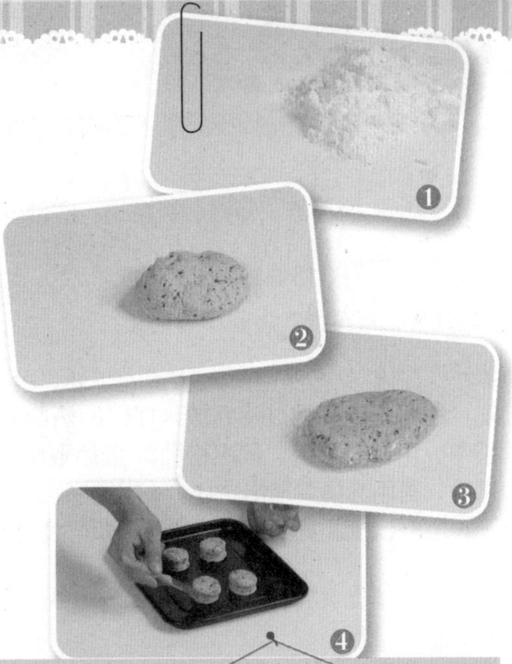

新手注意 若是没有烤箱，也可以用微波炉代替，用微波炉烤制的红豆司康会比烤箱烘烤的司康要稍干些。

火腿司康

工具 搅拌器、筛网、圆模具、塑料袋、擀面杖、刷子、烤箱

材料*5人份 奶油112克，糖粉125克，盐1克，低筋面粉500克，泡打粉25克，牛奶250毫升，蛋黄液、火腿丁各适量

做法 1.容器里放入适量的奶油、盐，用搅拌器搅拌均匀。2.将糖粉、低筋面粉、泡打粉用筛网过筛后放入拌好的奶油中，再加入火腿丁、牛奶，揉匀后放入塑料袋中，再放入冰箱，低温松弛30分后取出。3.撒上适量的面粉，用擀面杖将面团擀成厚片，再用圆模具压出生坯。4.用刷子在生坯上刷上适量的蛋黄液。5.放入烤箱，以上下火200℃的温度烤15~20分至熟即可食用。

新手注意 火腿司康的烤制时间请根据自家烤箱具体情况自行调整。

水果司康

工具 搅拌器、筛网、圆模具、塑料袋、擀面杖、刷子、烤箱

材料*5人份 奶油112克，糖粉125克，盐1克，低筋面粉500克，泡打粉25克，牛奶250毫升，蛋黄液、水果糖、芝麻各适量

做法 1.容器里放入奶油、盐用搅拌器拌匀。2.将糖粉、低筋面粉、泡打粉用筛网过筛后放入拌好的奶油中，再加入芝麻、牛奶，揉匀后放入塑料袋，再放入冰箱中，低温松弛30分后取出。3.撒上面粉，用擀面杖将面团擀成厚片，再用圆模具压出生坯。4.用刷子在生坯上刷上蛋黄液，撒上适量的芝麻，放入烤箱。5.以上下火200℃烤15~20分至熟。6.取出，撒上水果糖作装饰即可。

新手注意 这款司康中牛奶的量可以根据个人的口味适量增减。

提子司康

工具 搅拌器、筛网、圆模具、塑料袋、擀面杖、刷子、烤箱

材料*5人份 奶油112克，糖粉125克，盐1克，低筋面粉500克，泡打粉25克，牛奶250毫升，蛋黄液、提子各适量

做法 1.容器里放入适量的奶油、盐，用搅拌器搅拌均匀。2.将糖粉、低筋面粉、泡打粉用筛网过筛后放入拌好的奶油中，再加入提子、牛奶，揉匀后放入塑料袋，再放入冰箱里，低温松弛30分后取出。3.撒上适量的面粉，用擀面杖将其擀成1.5~2厘米的厚片，再用圆模具压出生坯。4.用刷子在生坯上刷上适量的蛋黄液，放入烤箱。5.以上下火200℃的温度烤15~20分至熟即可。

新手注意 提子最好不要添加太多，否则面团会不好揉成圆形。

柠檬司康

工具 刮板、保鲜膜、模具、刷子、烤箱

材料*2人份 糖粉60克，盐1克，低筋面粉50克，高筋面粉250克，泡打粉12克，牛奶125毫升，柠檬皮末8克，蛋黄1个，奶油适量

做法 1.将低筋面粉、泡打粉、糖粉、盐、柠檬皮末、高筋面粉混匀。2.用刮板开窝，向窝中倒入奶油、牛奶。3.将混合后的材料揉成团，用保鲜膜将面团包好，冷藏30分钟。4.取出面团，用手按压，压薄后，将模具放在面团上，按压制成圆形面团。5.把圆形面团放入烤盘，用刷子刷一层蛋黄液，将烤盘放入烤箱，烤箱温度调成上下火180℃，烤15分钟。6.将烤好的柠檬司康装入盘中即可。

新手注意 在揉搓面团的过程中，最好不要反复揉面，否则会起筋。

果仁司康

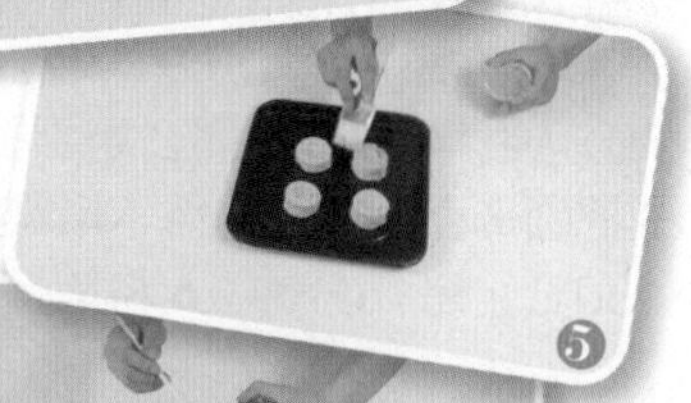

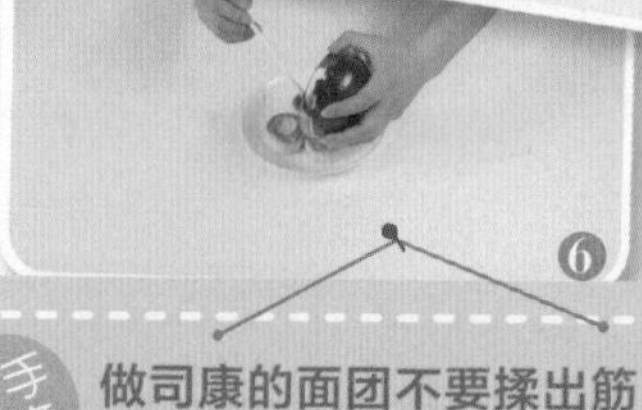

工具 刮板、擀面杖、大、小模具、刷子、烤箱

材料*3人份 高筋面粉90克，低筋面粉90克，糖粉30克，鸡蛋1个，鲜奶油50克，泡打粉3克，黄油50克，蛋黄液15克，黑巧克力液适量，腰果20克

做法 1.将高筋面粉、低筋面粉混合均匀，用刮板开窝，倒入黄油、糖粉、泡打粉、鸡蛋、鲜奶油。2.四周的面粉用刮板往中间覆盖，按压揉成形。3.用擀面杖将面团擀平成2厘米厚的片状，再用大模具压出大小适合的圆饼形。4.用小模具在圆形饼上按压，将中间的面皮轻轻撕开，使中间成凹形，再将圆形饼放入烤盘中。5.饼边缘用刷子刷上蛋黄液，将烤盘放入烤箱，调上下火160℃，烤15~20分钟至熟。6.将烤好的司康取出装盘，把黑巧克力液倒在中间凹陷的地方，再把腰果压碎撒到巧克力液上即可食用。

新手注意 做司康的面团不要揉出筋，面团最好冷藏一会儿。

巧克力司康

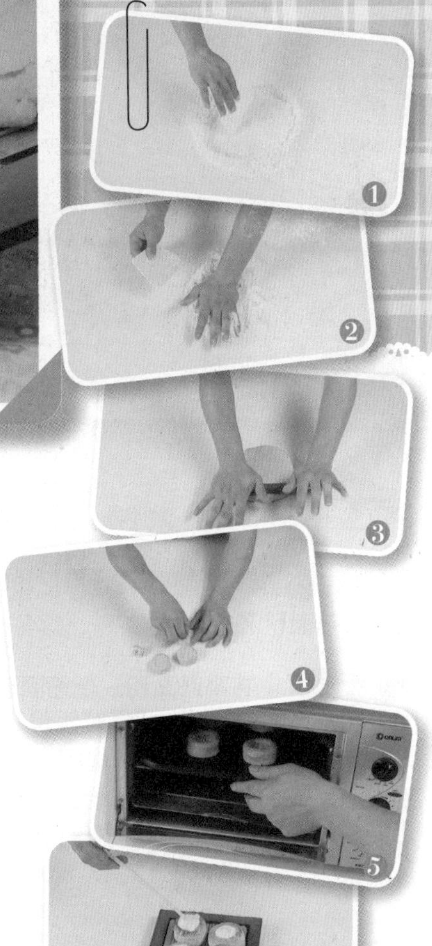

工具 刮板、擀面杖、大、小模具、刷子、筷子、烤箱

材料*3人份 高筋面粉90克，低筋面粉90克，糖粉30克，鸡蛋1个，鲜奶油50克，泡打粉3克，黄油50克，蛋黄液15克，黑、白巧克力液各适量

做法 1.将高筋面粉、低筋面粉倒在操作台上，用刮板开窝，倒入黄油、糖粉、泡打粉、鸡蛋、鲜奶油。2.将四周的面粉用刮板往中间覆盖，按压揉匀成形。3.用擀面杖将面团擀平成2厘米厚的片状，再用大模具压出大小适合的圆饼形。4.用小模具在圆形饼上按压，将中间的面饼轻轻撕开，圆形饼入烤盘，饼的边缘用刷子刷上蛋黄液。5.将烤盘放入烤箱，调上下火160℃，烤15分钟至熟，取出，将巧克力液装入司康中间的圆孔中，用筷子呈顺时针画圈。6.用筷子沾上少量黑巧克力液，在司康表面呈顺时针画圈成形即可。

新手注意 在司康表面刷上蛋黄液，烤好的司康颜色会更漂亮。

红茶司康

工具 保鲜膜、搅拌器、擀面杖、压模、刷子、烤箱

材料*6人份 奶油110克，泡打粉25克，细砂糖125克，低筋面粉100克，牛奶250毫升，高筋面粉500克，红茶粉、盐各适量，蛋黄15克

做法 1.将高筋面粉、低筋面粉、泡打粉、细砂糖、红茶粉、盐、牛奶、奶油混匀，制成面团。2.面团用保鲜膜包好，冷藏30分钟；蛋黄用搅拌器打散，制成蛋液。3.冷藏好的面团用擀面杖擀成约2厘米厚的圆饼，取压模，嵌入圆饼面团中，制成数个小剂子，摆入烤盘，用刷子刷上蛋液，做成红茶司康生坯。4.烤箱预热，放入烤盘，以上火175℃、下火180℃的温度烤约20分钟，至生坯呈金黄色。

新手注意 揉搓好的司康面团应放入冰箱冷藏，温度以10℃左右为佳，这样能增强面团的韧性。